湖北竹山绿松石的再生利用工艺和机理研究

HUBEI ZHUSHAN LÜSONGSHI DE ZAISHENG LIYONG GONGYI HE JILI YANJIU

陈全莉　著

图书在版编目(CIP)数据

湖北竹山绿松石的再生利用工艺和机理研究/陈全莉著.—武汉:中国地质大学出版社,2022.12

ISBN 978-7-5625-5468-4

Ⅰ.①湖… Ⅱ.①陈… Ⅲ.①绿松石-废物综合利用-研究-湖北 Ⅳ.①X798

中国版本图书馆CIP数据核字(2022)第241833号

湖北竹山绿松石的再生利用工艺和机理研究 陈全莉 著

责任编辑:张旻玥 选题策划:张 琰 责任校对:武慧君

出版发行:中国地质大学出版社(武汉市洪山区鲁磨路388号) 邮编:430074
电 话:(027)67883511 传 真:(027)67883580 E-mail:cbb@cug.edu.cn
经 销:全国新华书店 http://cugp.cug.edu.cn

开本:787毫米×1 092毫米 1/16 字数:212千字 印张:8.25
版次:2022年12月第1版 印次:2022年12月第1次印刷
印刷:湖北金港彩印有限公司

ISBN 978-7-5625-5468-4 定价:88.00元

前　言

绿松石是一种含水的铜铝磷酸盐类矿物，化学式为 $CuAl_6[PO_4]_4(OH)_8 \cdot 4H_2O$，属三斜晶系，因其形状如松果、颜色多呈蓝绿色而得名，是深受古今中外人们喜爱的传统名贵玉石。

近些年来，绿松石新矿床的发现和开采远远低于社会的需求量，导致国内外珠宝市场上优质绿松石原矿的供需矛盾日趋锐化，绿松石原料价格近五年持续暴涨。受绿松石复杂的矿床成矿地质条件制约，绿松石原矿品质大部分欠佳，普遍存在颜色不佳（偏浅或无色）、裂隙和孔隙度较发育等问题，多数难以达到优质品级，因而失去它应有的价值。绿松石矿山开采技术和加工装备落后，资源利用率低，加之绿松石加工业的无序竞争，导致绿松石资源大量浪费，每年数吨开采后的绿松石细小矿渣和加工后的绿松石余渣粉料（统称为绿松石废弃料）被丢弃，绿松石资源的综合再生利用亟待加强。此外，传统的人工注塑处理绿松石产品内部充填有大量的有机高分子聚合物，导致其化学成分、结构、物理性质等宝石学特性与天然绿松石差异甚大，且该方法仅限于较大的绿松石单体原料，对小颗粒的绿松石废弃料尚难以具体实施。因此，研究绿松石废弃料化废为利，提高色浅质差绿松石品级，缓解绿松石供不应求的问题具有非常重要的意义。

本书重点选取小颗粒的绿松石废弃料和绿松石次级单体原料为研究对象，遴选与绿松石化学成分相近的无机结合剂 $Al(H_2PO_4)_3$ 溶液及相关辅助材料，采用不同的化学配方与实验条件，通过浸胶充填和压制再造的化学聚合方法对绿松石次级单体原料和小颗粒废弃料进行人工优化处理和改善，达到提高绿松石废弃料的单体尺度和改善绿松石次级原料质量的目的，使其宝石学特征、工艺和力学性质得到明显改善，借以为我国绿松石资源的综合再生利用和优化处理提供科学依据。通过本书研究主要取得了如下结论。

（1）以绿松石储量最优的湖北省竹山县秦古镇产出的绿松石为重点研究对象，以竹山县喇叭山、郧县以及安徽马鞍山地区产出的绿松石为比对研究对象，对天然绿松石的产出地质特征、化学成分、显微结构、呈色机理等进行了研究和探讨。结果表明：①绿松石颜色除与致色元素 Fe^{3+}、Cu^{2+} 的含量有关外，还与表生风化作用的强度相关，随表生风化作用的增强，颜色变浅，致密程度降低。②偏光显微镜下绿松石具隐晶—微晶结构，局部呈放射球粒状结构、鳞片状结构。绿松石中常含有深褐色的铁线，铁线物质由铁质、碳质、少量绢云母和细小的黏土矿物组成。③绿松石的显微结构形态多样，微晶多呈菱形鳞片状、柱状、片状和薄板状分布。④不同形态、不同产地、不同颜色的绿松石表现出的红外吸收光谱特征差异不明显，具有相同基团的振动特征峰，仅在个别波数范围内存在微小的偏差，$3505 \sim 3070cm^{-1}$ 范围内红外吸收谱带为 $\nu(OH)$ 伸缩振动所致，$1198 \sim 1010cm^{-1}$ 的红外吸收峰归属为 $\nu_3(PO_4)$ 伸缩振动；$\delta(OH)$ 弯曲振动致红外吸收谱带在 $839 \sim 781cm^{-1}$；$\nu_4(PO_4)$ 弯曲振动致红外吸收谱带主要为 652～483cm^{-1}。⑤绿松石在可见光波长范围内，显示两条吸收强度不等且宽窄不一的特征吸收谱带，即分别由 Fe^{3+} d-d 电子跃迁引起的 a_1 带 423～438nm 和 Cu^{2+} d-d 电子跃迁引起的 a_2 带 683～688nm，a_2 带的吸收强度普遍较 a_1 带宽大。⑥绿松石中水的总量和结合方式在一定程度上制约着绿松石的颜色。

（2）实验选择 $Al(H_2PO_4)_3$ 溶液为主胶黏试剂，以 MgO 为添加辅料，在没有加压的条件下以"浸泡—加热—保温—冷却—加工"为基本实验过程对疏松绿松石进行改性处理。实验结果表明：$Al(H_2PO_4)_3$ 溶液的性质、浸泡时间、浸泡温度、浸泡方式、保温温度、保温时间和溶液中添加物 MgO 的含量对疏松绿松石的改性效果均有不同程度的影响。①通过分别研究在每个工艺参数不同条件下的改善效果，选择了效果最佳的工艺条件，即选用的 $Al(H_2PO_4)_3$ 胶黏剂质量分数约为 50％，pH 值控制在 1.5～2 之间，每 100mL 胶黏剂溶液中添加 5～7g MgO；疏松绿松石宜采取密封并辅以低温浸泡处理，根据绿松石相对致密程度及尺寸大小的变化浸泡时间一般为几天至十几天不等；充填处理后的绿松石需在低温凝胶硬化后才能进行加热固化处理，对一次处理效果不佳或者大块的疏松绿松石可以按照上述过程进行两次或多次浸胶充填处理。只有严格控制上述工艺条件，改善的效果才能达到最佳。②利用磷酸铝胶黏剂溶液充填处理后的绿松石质地坚硬，显微硬度为 106～297N/mm^2；颜色可以加深至饱和度很高的蓝绿色、绿蓝色和绿色，外观仿真效果好、宝石学性能优良，加工工艺性能与天然绿松石一致，利用常规宝石学测试方法不易鉴别，可加工成首饰用绿松石珠链、戒面、吊坠等。

（3）选用充填处理绿松石实验中相同配比的胶黏剂溶液对小颗粒绿松石废弃料进行压制再造处理。①确定了绿松石废弃料的分选提纯方案，即利用重选和浮选联合选别工艺提选出绿松石中的碳质杂质并选用一定浓度的 HCl、硫代硫酸钠和草酸与绿松石综合反应最大限度提选出了绿松石废弃料中的杂质 Fe^{3+}。②在绿松石废弃料压制再造实验中，胶黏剂的添加比例、绿松石粉体粒度、加压压力、加压时间、保温温度和保温时间对绿松石废弃料的处理效果均有不同程度的影响，效果最佳的工艺条件为：胶黏剂添加比例为 23％～25％，粉体粒度不小于 250 目，加压压力 1.5×10^4～3.0×10^4 MPa/m^2，加压时间不得低于 10min，压制好的坯体室温自硬化 1～2d 后按照一定恒温曲线进行加热固化。③压制处理后的绿松石颜色均匀、色调单一，多为浅蓝绿色，与处理前绿松石粉末颜色一致；显微硬度在 105～198N/mm^{2}之间，透明度、光泽、韧性和耐久性较好；其宝石学特征，如光泽、折射率、紫外荧光等与天然绿松石相近，加工工艺性能优良，可加工成首饰用绿松石珠链和戒面。

（4）处理前后绿松石的显微结构研究和化学成分分析结果表明：①处理后绿松石的结构致密程度、硬度和颜色受控于磷酸铝胶黏剂的填充含量。完全被填充、胶黏剂含量较高的部位，结构致密，颜色较深；填充不完全、胶黏剂含量低的部位，结构疏松，硬度较低，颜色较浅。②绿松石经浸胶充填和压制再造处理后，胶体均呈凝胶状分布在绿松石原有的微孔隙间，绿松石微晶晶形较处理前表现模糊，边棱表现光滑，绿松石与胶黏剂在黏合过程中，部分微晶发生微弱的溶解重结晶反应。③EDX 测试和化学成分分析综合表明，处理后绿松石内部胶黏剂填充充分的部位，P_2O_5 含量明显增高，MgO 含量有 0.08％～0.31％的升高，其他主要化学组分变化不大；处理后绿松石主要致色元素与处理前一致，均为 Cu 和 Fe。④处理后绿松石颜色色调与处理前绿松石中的Cu、Fe含量有关,Cu/Fe值大的绿松石经处理后偏蓝色,Cu/Fe值低的绿松石经处理后偏绿色。

(5)处理前后绿松石的红外吸收光谱和XRD粉晶衍射研究结果表明:①处理后绿松石分子结构和矿物组构与处理前天然绿松石一致,但产生了一定程度的非晶质化。分析认为处理后绿松石中非晶质化的产生与磷酸铝胶黏剂的填充作用有关,即磷酸铝胶黏剂在固化过程中脱水形成无机高分子网络结构。②在压制处理绿松石实验中,磷酸铝胶黏剂的添加,促进了绿松石微晶(120)面网的发育,但在充填处理绿松石中表现得并不明显。

(6)处理前后绿松石的差热曲线研究结果表明:处理后的绿松石吸热和放热反应温度与处理前天然绿松石相比均有一定程度的降低,主要是由加入的磷酸铝胶黏剂具有较低的吸热反应温度所致。

(7)探讨和研究了无机胶黏剂对绿松石的改善机理和反应机制。在对疏松绿松石浸胶充填或对绿松石废弃原料压制再造的条件下,磷酸铝胶黏剂溶液通过布朗运动沿着绿松石微孔隙或微粒边界逐渐浸润至绿松石内部,经过加热发生聚合固化,并导致部分绿松石微晶溶解重结晶,最终这些反应产物充填了绿松石内部原有的孔隙,并以原子和分子范围内的微观作用、宏观结合和接触界面的化学键力胶结了原来仅为松散镶嵌的绿松石矿物颗粒,一方面降低了绿松石微粒间的孔隙度,减少了光的漫反射,使处理后的绿松石颜色加深、透明度提高,另一方面使处理后绿松石的矿物颗粒连接得更加紧密,达到提高硬度、改善工艺性能的目的。

著者

2022年10月

目　录

第一章　绪论

第一节　研究目的和意义

绿松石为一种含水的铜铝磷酸盐，化学成分为 $CuAl_6[PO_4]_4[OH]_8 \cdot 4H_2O$，是深受古今中外人们喜爱的传统名贵玉石，为中国古代四大名玉之一（和田玉、绿松石、独山玉、岫玉）。我国的绿松石闻名世界，主要产地是湖北、安徽及陕西的白河，新疆、河南、云南也有发现。国外以伊朗绿松石最为著名，美国、埃及、澳大利亚也有产出。

绿松石属我国一种颇具特色的优势宝石资源，其开采历史悠久，可溯源至唐、宋时期，绿松石资源主要集中分布在鄂、豫、陕交界处。以湖北产的绿松石为例，郧县、鲍峡地区绿松石品质最好，但资源已趋枯竭；竹山地区绿松石资源储量尽管占优，却不可再生。20 世纪 50 年代，湖北省第五地质大队曾在竹山县进行过矿产资源普查。调查资料显示[1-7]，竹山属世界罕见的绿松石富矿区，现有储量约 5 万吨，占世界总储量的 70%。竹山县绿松石资源主要赋存在寒武系水沟口组中，主要含矿岩系为一套中厚层—薄层硅质和含碳硅质板岩，矿带总体呈近北西-南东向展布，宽 5～10km，长约 80km，分布 10 个含矿带。绿松石资源作为采后不可再生的珍贵自然资源，具有空间分布不均衡性，其特定的成矿地质条件决定了人们难以采用常规的地质普查方法对绿松石资源进行客观的评价。据中南勘察设计研究院依据地质部门提供的地质勘察资料和竹山县当地实际开采资料的统计数据，初步查明绿松石资源储量（估算）为：含矿率 1.6～2.4kg/m^3，少部分富矿带可达 3～5kg/m^3[3-7]。竹山县绿松石地质远景储量为 5 万吨以上，按 60%回采率其工业可采储量为 3 万吨，可供开采 500 年以上。目前竹山县的保有储量为 1.5 万吨。其中无法直接利用等外级的绿松石原料约为 6000t，绿松石矿单体小于 500g 原料约为 4500t，其中可直接利用的绿松石一级品不足 4500t，绿松石资源的综合再生利用研究任重道远。20 世纪 80 年代末至 90 年代初，绿松石资源基本处在过量无序开采阶段，一度出现粗放经营、交易混乱等现象，导致产业效益低下，资源利用率低，浪费严重。21 世纪初，为了改变当地绿松石资源开发利用“小、散、乱”的局面，竹山县委、县政府确立了“开发绿松石优势资源，构建特色产业”的发展战略，将绿松石珠宝饰品列入全县四大支柱产业之一[5-7]，过量无序开采局面得到了初步的控制。

近些年来，绿松石新矿床的发现和开采远远低于社会的需求量，导致国内外珠宝市场上优质绿松石原矿的供需矛盾日趋锐化，绿松石原料价格近五年持续暴涨。受绿松石复杂的矿床成矿地质条件制约，绿松石原矿品质大部分欠佳，普遍存在颜色不佳（偏浅或无色）、裂隙和孔隙度较发育等问题，多数难以达到优质品级，因而失去它应有的价值，且矿山开采技术和加工装备落后，资源利用率低，经济增益差，加之绿松石加工业的无序竞争，导致每年形成数吨绿松石小颗粒废弃料（非工艺级矿、开采后的细小矿渣、加工后的余渣粉料），绿松石资源的综合再生利用亟待加强。此外，传统的人工注塑处理绿松石产品内部充填有大量的有机高分子聚合物，导致其化学成分、结构、物理性质等宝石学特性与天然绿松石差异甚大，饰品耐久性较差，经济增益不显著，可依据其用热针接触会有塑料烧焦的臭味、折射率低（1.450～1.560）、相对密度小（2.0～2.48）、红外吸收光谱中 $1725cm^{-1}$ 处特征的吸收峰[8-15]等鉴别出来，且该方法仅限于较大的绿松石单体原料，对小颗粒的绿松石废弃料尚难以具体实施。因此，研究绿松石废弃料化废为利，提高色浅质差绿松石品级，缓解绿松石供不应求的问题具有非常重要的意义。

本书重点选取小颗粒的绿松石废弃料和次级单体料（即块状或结核状的泡松）为研究对象，遴选与绿松石化学成分相近的无机结合剂 $Al(H_2PO_4)_3$ 溶液及相关辅助材料，采用不同的化学配方及实验条件，通过化学聚合方法对小颗粒绿松石废弃料和次级单体料进行人工优化处理和改善，达到提高绿松石废弃料的单体尺度和改善绿松石次级料质量的目的，使其宝石学特征、工艺和力学性质得到改善，旨在解决绿松石资源的综合再生利用和品质劣—优转化问题，有助于这类不可再生珍贵的宝石资源得以合理的综合利用，又使其潜在的经济效益与社会效益得以充分开发，对贫困落后的竹山地区的社会与经济发展将起到积极的推动作用，为绿松石资源的综合利用和优化处理提供科学依据。

第二节　绿松石的质量评价

绿松石的质量评价可以从颜色、质地、裂纹以及体积（块度）等方面分别进行[16-18]。

（1）颜色：颜色的美丽程度是评价绿松石质量的重要因素。根据绿松石产出颜色特征，一般蓝色调的绿松石质量为最好，带绿的蓝色、蓝绿色和绿色的绿松石质量依次降低。在蓝色的绿松石中，根据颜色浓度的深浅，若分成深、中等、浅 3 种色调，其中以中等色调的蓝色者为最佳。如果绿松石中存在灰色、褐色、黄色等色调，将大大降低绿松石的质量等级。

（2）质地：质地的致密程度是评价绿松石质量的又一重要因素。优质的绿松石质地应致密坚韧，没有杂质和其他缺陷。根据质地的致密程度和所含杂质的多少，又可将绿松石划分为瓷松、硬松、铁线松石、面松（泡松）、白脑、白筋和糠心等。

瓷松：结构致密，质地细腻，具蜡状—亚玻璃光泽，摩氏硬度大（5.3～6），密度大，是绿松石中的上品。硬松：质感好，光泽强，摩氏硬度大（4.5～5.3），密度大，是一种中等质量的绿松石。铁线松石：氧化铁线呈网脉状或浸染状分布在绿松石中，如质硬的绿松石内有铁线的分布能构成美丽的图案。面松（泡松）：质松色差，土状光泽，摩氏硬度小（3 以下），手感轻，是一种低档绿松石，这类绿松石常用于人工处理来提高质量。白脑：指在天蓝色或蓝绿底色上存在的白色和月白色的星点或斑点，这是由石英、方解石等矿物造成的。白筋：指具有细脉白脑的绿松石。糠心：指绿松石的外层为瓷松，而内心为灰褐色。灰褐色是绿松石一大忌，故严重影响其质量。

(3)裂纹:裂纹的存在也将影响到绿松石的质量等级,没有裂纹最好,微小裂纹次之,裂纹越明显质量越差。

(4)体积(块度):在同等质量的条件下,大小是影响绿松石品质和价格的重要因素,这点在绿松石的质量分级中很明显。一般情况下,在颜色、质地、裂纹等质量因素相同的条件下,绿松石的体积(块度)越大,价值就越高。

总之,根据绿松石的颜色、质地、裂纹、体积(块度)等质量因素可将绿松石分为以下4个等级(表1-1)。一级品一直是稳定的宝石商品,二、三、四级则不受欢迎,销路不大。

表1-1　绿松石质量等级划分表[16-18]

等级	质量特征
一级品[Ⅰ](波斯级)	绿松石具有中—强的天蓝色,颜色柔和、均匀,结构致密,质地细腻,瓷状,块度大。没有褐黑色铁线,强光泽,微透明,犹如上釉的瓷器,表面有玻璃感。此品级极为少见,已知的有中国绿松石、波斯绿松石、美国优质绿松石。在国际珠宝市场,商业上称之为波斯级绿松石
一级品[Ⅱ]	绿松石表面有一种类似蜘蛛网花纹,称为波斯蜘蛛网绿松石
一级品[Ⅲ]	绿松石中含有部分母岩物质,呈不同形式的铁线
二级品[Ⅰ](美洲级)	绿松石呈浅蓝色、蓝绿色,孔隙较多,光泽不强,不透明,具斑块构造,无铁线,块度中等,较一级料小
二级品[Ⅱ]	绿松石呈绿蓝色,表面有细蜘蛛网花纹
二级品[Ⅲ]	绿松石显浅蓝绿色,表面有不同数量和形式的铁线
三级品(埃及级)	绿松石呈蓝绿色或绿蓝色,在淡色底子上有深蓝色斑点,质地较细,孔隙较少,有数量不等的铁线,块度大小不等
四级品(阿富汗级)	绿松石呈月白色、浅蓝白色、浅黄绿色、暗黄绿色,铁线数量较多,质地疏松,块度大小不等

第三节　研究历史与现状综述

据大量考古发掘资料得知[18-24],在新石器时代绿松石已被先民作为一种美玉广泛使用。早在7世纪的古埃及,人们便将绿松石用于首饰和个人佩戴品。近些年来绿松石一直是宝石市场的紧俏货,远销西藏和海外,受到广大消费者的青睐。随着我国人们生活水平的提高,绿松石制成的饰物在国内也极为畅销。自20世纪90年代以来,由于古老绿松石矿开采年代久远,采矿艰难,产量日趋减少,每年各矿山所采矿数量不等,质量远不及以前,各矿均有待进一步的勘探和挖掘,使得绿松石的开采量远远低于社会的需求量,导致国内外珠宝市场上优质绿松石原矿的供需矛盾日趋尖锐,价格随之暴涨[25-28]。2002年优质绿松石市场价仅为50～70元/kg[10-13],2008年仅泡松价格涨至200～300元/kg,质量较好的绿松石市场价跃至1000～2000元/kg。

由于高质量的绿松石供应有限，市场上优质绿松石资源短缺，中低档绿松石硬度小、质量差，无法加工抛磨成首饰用宝石材料，以及绿松石本身具有一定的孔隙，适合进行人工处理，从而避免因多孔吸油、化妆品、汗水等导致褪色现象的发生，许多经优化处理的绿松石应运而生。有关绿松石的优化处理和处理品的检测方法便成为宝石界关注的重要问题。

文献显示[28-32]，早在20世纪80年代初，已经出现了注蜡和油的绿松石处理方法，由于油和石蜡性质不稳定，经过处理的绿松石耐久性差、易褪色，现在不再用油和蜡作为注入剂对绿松石作注入处理。目前最常用的方法是注塑处理，即采用密闭真空加压的方法把高分子聚合物充填入质地疏松的绿松石中，再使高分子聚合物固结，起到充填胶结的作用，改善绿松石的品质。这种处理方法工艺复杂、成本昂贵，处理后绿松石内部充填有大量的有机高分子聚合物，在切割抛磨时由于局部受热，胶体软化，使绿松石黏附在切割盘上，不利于切磨，并伴有塑料烧焦的臭味。

一、绿松石优化处理的原理

绿松石是由铜和铝的含水磷酸盐矿物组成的，为多晶集合体宝石。这种宝石材料均具有一定的孔隙度，然而孔隙度的大小直接影响绿松石的一系列物理性质。

(1)绿松石材料的多孔性造成绿松石的吸附性，使它易吸附一些污染如化妆品、油脂等，从而造成绿松石的颜色改变。

(2)孔隙度大使得绿松石稳固性降低，抛光性能和可切割性能差。

(3)绿松石的孔隙直接影响其颜色外观，绿松石的孔隙被空气所充填，如果孔隙径大于可见光波长会造成光的散射。散射光再合并使宝石呈现白色、云雾状和乳白色的外表[25]。即使材料本身有颜色，由于散射作用颜色也会变浅变淡，相反，如果这些孔隙被填充，减弱光的散射强度，则颜色会明显变深和变浓，这与有色纤维浸入水中，浸湿部分明显比干的部分颜色深和浓是一个道理。

因此，降低绿松石孔隙度是所有绿松石改善方法的最基本原理。有效地降低绿松石的孔隙度，不仅可增强绿松石抗污染能力，提高绿松石的稳固性，改善绿松石的可切割性和抛光性能，更可以使绿松石的颜色外观得到改善，即使不填充有色填料绿松石颜色同样可以变深变浓[25,28-30]。

绿松石原料改善处理方法的基本原理虽然较简单，但其注入工艺相当复杂，选择不同的注入剂和具体的注入工艺都将直接影响到绿松石原料的改善效率与效果，且涉及研制者的发明专利。国内的绿松石生产加工企业均耗巨资引进国外真空加压注入处理设备、原料及工艺，主要采用人造树脂类材料(有机高分子聚合物聚丙烯酸酯、塑料等)对质地疏松的块状、结核状绿松石进行真空加压注入处理，以改善绿松石的品质(结构和颜色)。

目前绿松石原料改善处理方法按注入填充物的类型主要分为两种：有机聚合物注入法和无机化合物处理法。

二、有机聚合物注入法

有机聚合物注入法，是目前通用的加胶改性法。

1. 石蜡和油注入法

比较传统的是用石蜡和油作注入剂，这也是最早的绿松石处理方法[29-33]。即绿松石经蜡和油浸泡，蜡和油进入到绿松石孔隙中。由于孔隙被充填，减少了白光的散射，提高了透明度，从而体色更加突出。由于油和石蜡性质不稳定，经过处理的绿松石耐久性差，易褪色，尤其是阳光照射和受热时褪色更快。对于注蜡、注油处理的绿松石，用热针接近绿松石较隐蔽的部位，放大观察可见“出汗”现象，这是油受热渗出和蜡熔化造成的。对于有色注蜡、注油处理的绿松石，用热针接触不显眼部位会有塑料燃烧的臭味，在红外吸收光谱中可见特征的吸收峰(约 $1725cm^{-1}$)，并在裂隙中出现明显的蓝色集中现象。正因如此，现在不再用蜡和油作注入剂对绿松石作注入处理。

2. 小分子聚合物甲醛注入法

20 世纪 90 年代初，李友华等[25]提出了用小分子有机聚合物甲醛与催化剂、渗透剂、表面活性剂和稳压剂研制成的一种新型注入胶，这种注入胶黏度较小，渗透性强，常温常压下可以渗入到绿松石孔隙中。加热后，渗入孔隙的注入胶就会聚合固结，达到注入填充的目的。经此法处理的绿松石折射率为 1.62，与天然绿松石的折射率接近，并且加胶后的绿松石颜色自然，经抛光后与优质的纯天然原料十分相像。但由于此法充填物仍为有机物，在红外吸收光谱中通过 CH_2-CH_3的吸收峰较容易鉴别。

3. 大分子有机聚合物高压注入法

美国和中国香港的厂家则采用有机高分子聚合物注入法，也是目前国内最常用的绿松石处理方法。先将绿松石烘干，并抽真空，在密闭条件下将聚合物加入，高压将其强行压入松石内部，使其固化[25,26]。即用高分子聚合物如聚丙烯酸酯、塑料作注入剂，这种方法主要用于处理一些劣质低档的绿松石原料，高分子聚合物进入到结构较为松散的绿松石裂隙和孔隙中，增加其粘接力，使绿松石变得致密、性质也比较稳定，硬度和韧性均有所提高，若有色胶注入则其颜色得以改善，这种处理的目的侧重于增强稳固性，所以又称“稳定化”处理。高分子聚合物处理工艺较为复杂，尽管绿松石多孔，但是要将大分子物质均匀地渗入到内部一定深度仍具有的难度，国内厂家多引进国外真空加压注入处理设备、原料及工艺进行处理。处理后绿松石产品内部充填有大量的有机高分子聚合物，导致其成分、结构、物理光学性质等特性与天然绿松石差异甚大，成品耐久性较差，可以依据其用热针接触会有塑料烧焦的臭味，折射率低(1.450～1.560)，相对密度小(2.0～2.48)，红外吸收光谱中有 $\nu(CH_2)$的 $2934\sim2924cm^{-1}$、$2863\sim2854cm^{-1}$和ν(C=O)的 $1739\sim1718cm^{-1}$处特征的吸收峰[10,15,31]等鉴别出来。此外，该方法只适用于大尺寸的绿松石单体料，对小颗粒的绿松石废弃料无法具体实施利用，经济增益效果不甚显著。

三、无机化合物处理法

无机化合物处理法，主要分为以下三种类型。

1.硅酸钠结合剂注入法

该方法先用硅酸钠溶液浸泡样品，然后用饱和盐酸作用，在宝石孔隙中形成硅胶。通过硅胶在水中的胶体扩散，实现对宝石孔隙的填充。由于这种方法生成的胶体是白色的，常常使绿松石颜色变浅[34-36]。为增加颜色，人们采用了一种与无机染色结合的方法，将染料沉淀到绿松石的裂隙中，然后再用无色硅酸盐填充。注硅酸钠绿松石的表面光洁，颜色较浅，密度比天然绿松石低，裂隙处多出现色素沉积，较易鉴别。

2.盐酸浸泡除杂优化法

2004 年栾丽君[37]等介绍了另外一种绿松石处理方法，称为除杂优化法，也是国内目前一种常用的方法，这种方法简单、成本低。它是把颜色差的如灰绿色、黄绿色绿松石放在一定浓度的盐酸中浸泡若干小时后，绿松石变成淡蓝色。把不含杂质的纯天蓝色、蓝绿色绿松石放在同样浓度的盐酸中浸泡，发现纯天蓝色绿松石颜色基本没有发生变化，蓝绿色绿松石变化明显，成了淡蓝色，然后再分别向反应后的产物中加氢氧化钠，纯天蓝色绿松石有少许红褐色沉淀，证明有 Fe^{3+} 存在，蓝绿色绿松石生成的红褐色沉淀偏多，因此认为其改善机理为盐酸与绿松石中的铁质、碳质等杂质充分反应，从而剩下绿松石的蓝颜色；绿松石中发生类质同象代替的 Fe^{3+} 也参与了浓盐酸的反应。这种方法只能改善颜色，达到去除黄色调的目的，不能改善绿松石的疏松结构。

为验证此法，笔者分别选择 a、b、c 三块绿松石样品，颜色分别为浅绿色、白色和黄色，结构都比较疏松，其中 a 结构相对最致密，b 结构相对最疏松，c 处于中间，分别浸泡在 5%的盐酸溶液中一段时间，然后取出水洗晾干，结果发现 a 和 c 颜色改变不大，但它们的盐酸溶液都变成了黄绿色（表 1-2），加氢氧化钠后溶液有红褐色沉淀，表明有 Fe^{3+} 存在；而 b 浸泡不到 15min 就被溶解成了粉状。将 a 和 c 再浸泡在 10%的盐酸溶液中发现颜色稍微变蓝，但不明显，而且结构也变得更疏松。因此认为盐酸浓度越高除杂效果越好，但是越容易溶解绿松石，结构非常疏松的绿松石不能用这种方法改善。因此绿松石的这种除杂优化法局限性很大。

表 1-2　不同浓度的盐酸对绿松石的处理结果

盐酸浓度	5%	10%
a（浅绿色，最致密）	绿松石颜色无明显变化，溶液变成黄绿色	绿松石绿色变浅，稍带蓝色，溶液变成黄绿色
b（白色，最疏松）	溶解成粉状	/
c（黄色，较疏松）	绿松石颜色无明显变化，溶液变成黄绿色	绿松石黄色调稍变浅，溶液变成黄绿色

3.Zachery 注入处理法[25,30]

John J. Koivula 等于 1999 年在 *Gems&Gemology* 中介绍了绿松石的 Zachery 注入处理

法，是由 James E. Zachery 耗费 150 万美元研制出来的，这种方法是个人专利，关于其工艺方法方面的信息极少。据称经此法处理的绿松石早在 1988 年就投入了市场。报道称，Zachery 注入处理法可以分为 3 个步骤：对原石处理，主要降低孔隙度，提高抛光性能；对从处理过的原石上切割下来的宝石再次处理改善表层颜色；对切割好的未经任何处理的绿松石利用近表面处理方法不仅改善颜色，还降低孔隙度（图 1-1）。整个处理过程需要 3～6 个星期。

Zarchery 声称处理过程中未加入天然绿松石中的致色离子如铜和铁离子，也未注入塑料、蜡、油漆等。John J. Koivula 等对 Zachery 处理的绿松石和天然绿松石对比研究结果也支持上述观点，但并不排除加入其他化合物以降低松石孔隙度的可能性。John J. Koivula 等发现 Zarchery 处理的绿松石 K^+ 普遍增高，是 Zarchery 处理后仅可以探测出的添加剂，可以推测 Zarchery 处理中使用的注入物很可能是钾盐类物质。这只是根据 Zarchery 处理绿松石一些特征的推测，处理工艺远非如此简单，Zarchery 处理方法主要用于一些中—高档绿松石。由于中—高档的绿松石孔隙度更小，所以注入剂要有效地渗入到绿松石内部，难度更大，故推测注入物更有可能是钾的无机盐，尽管钾的无机盐无色，但是若它能在孔隙中生长来降低孔隙度，同样可以使绿松石颜色变深，此结论与在 Zarchery 处理品中见到的沿裂隙两侧颜色变深而不是在裂隙自身颜色集中现象是一致的。

图 1-1　未处理和 Zachery 处理绿松石[30]

从左至右：未处理；表面处理；整体处理；先整体处理后表面处理

经 Zarchery 处理的绿松石颜色变深，白垩状外表消失，易加工、抛光性能好，异常高的光泽胜于优质未处理的绿松石，降低了吸附污染物的能力，在太阳模拟器下暴晒 164h 不褪色。经过 Zachery 方法处理的绿松石近 10 年来达数百万克拉，仅 1998 年达 120 万克拉，处理的原料包括来自中国、墨西哥、伊朗等地的绿松石。

Zachery 处理的绿松石在很多宝石学特征方面和天然未处理的绿松石是一致的。

(1)折射率：1.60～1.62（点测法）；相对密度：2.61～2.74。

(2)吸收光谱：在 430nm 处绿松石的特征吸收带。

(3)荧光反应：长波紫外光下，显弱—中等蓝白色；短波紫外光下，惰性。

(4)显微结构：典型绿松石的微孔隙结构和黄铁矿、方解石包裹体。

(5)红外光谱：$1125cm^{-1}$、$1050cm^{-1}$、$1000cm^{-1}$ PO_4^{3-} 的振动峰，峰宽度和未处理的一致。

尽管 Zachery 处理的绿松石和未处理的有很多相似点，但也有其鉴别特征。

(1)Zachery 处理绿松石颜色更深更浓，颜色不自然，但差异不明显，需有经验专家才能识别。

(2)可见颜色渗透层，呈深色层，微弱但清楚可见，渗透层深度为 0.2～0.5mm。

(3)可见蓝色集中现象，不只在裂隙中，在裂隙两侧附近亦有颜色浓集现象。在天然未处理绿松石中无此现象。因此蓝色集中现象可作为鉴定的依据，但并不是所有 Zachery 处理的样品均可见到。

(4)凡是 Zachery 处理的绿松石都显示 K^+ 含量高。

(5)草酸实验。将少许草酸溶液施于样品上，在表面形成“白皮”，但是草酸实验是一种有损检测方法。

Zachery 处理的绿松石更有其迷惑性，常规的宝石学方法难以检测，只能借助于化学分析方法。Zachery 处理绿松石的生产商称它为“优化绿松石”，GIA 称它为“处理天然绿松石”。

四、无机结合剂的发展概况

结合剂是指通过黏附作用能使被粘物结合在一起的物质，它以黏料为主剂，配合各种固化剂、增塑剂、稀释剂、填料以及其他助剂配制而成。结合剂的品种繁多，组分各异，人们习惯按化学成分将结合剂分为无机型和有机型，前者主要成分为一些无机物、金属氧化物等，而后者又细分为天然系列和合成系列，主要成分均为一些高分子有机化合物[38-39]。

随着科学技术的发展，人们对结合剂提出了愈来愈高的要求。有机结合剂虽然有不少优点，但耐热性能有限。有机结合剂处理的绿松石，经切割，便有塑料烧焦的臭味。即使是耐高温的芳杂环树脂结合剂也只能在 200～350℃下长期使用[40]。而无机结合剂具有优良的耐高温性能，一般耐 900～1000℃，最高达 1500℃，瞬时可耐 3000℃[41-42]。

有机结合剂在耐候性方面也不理想，污染较严重。而无机结合剂的耐候性、耐溶剂性十分优异，且资源丰富廉价，无毒无污染，因而近年来得到了较大的发展。世界各国已将无机结合剂列为省资源无公害的“绿色”产品[42-43]。

目前，常用的无机结合剂主要有硅酸盐、硼酸盐、磷酸盐等类型。

1. 硅酸盐类结合剂[41]

硅酸盐类结合剂一般以碱金属硅酸盐为基料，加入固化剂和填料等配制而成，其常用的固化剂有氧化硫、氧化镁、氧化锌等金属氧化物，以及氢氧化铝、氟硅酸钠、硼酸盐等。填料一般选用氧化硅、氧化铝、莫来石、碳化硅、氮化铝、云母等粉状、鳞片状物质。碱金属硅酸盐是以 SiO_4 四面体为基本结构的大分子，易溶于水，加热时失水并缩合，形成耐热性强、键能高的硅氧键。这类结合剂的结合强度高，耐热、耐水性能较好，但耐碱性能较差，且固化温度较高。

2. 硼酸盐类结合剂[44-45]

硼酸与硅酸一样可发生分子间缩合而形成链状和网状的多硼酸 $XB_2O_3 \cdot YH_2O$，不同

的是多硅酸只有 SiO_4 四面体一种结构单元，而在多硼酸中有 BO_3 平面三角形和 BO_4 四面体两种结构单元。例如四硼酸钠中的四硼酸根的结构可看成是由 2 个 BO_3 三角形和 2 个 BO_4 四面体连接起来的网状结构，所以它不仅具有很强的耐高温性能而且还具有很强的结合能力，也广泛用于高温耐火材料中的骨料与其他添加剂的粘接。

3. 磷酸盐类结合剂

根据 Kingery 介绍[46]，磷酸盐结合剂可用下列方法得到：①使用硅质材料和磷酸；②使用金属氧化物和磷酸；③直接加入或做成酸式磷酸盐。

磷酸盐类结合剂是水溶性的酸式磷酸盐，即磷酸二氢盐、磷酸倍半氢盐、磷酸一氢盐及它们的混合物，其通式为：$M_mO_n \cdot xP_2O_5 \cdot yH_2O$，式中 M 为金属原子，$m$ 和 n 为正整数，x、y 为正实数。金属原子和磷原子之比，即 M/P，一般在 0.25～1 的范围之内[47-48]。随着磷酸、金属氧化物以及氢氧化物用量的变化可以得到 M/P 值不同的溶液。

水溶性磷酸盐结合剂的种类较多，常用的磷酸盐结合剂有磷酸镁结合剂、磷酸锆结合剂、磷酸铬结合剂、磷酸铝铬结合剂和磷酸铝结合剂。水溶性磷酸盐的金属原子对结合剂性能的影响，一般按下列次序排列[47-50]。

耐水性：Ca、Zn＞Mg＞Al＞Mn、Fe、Cu

附着性：Al＞Mg＞Ca＞Cu＞Fe＞Zn

强度：Al＞Mg＞Ca、Fe、Cu＞Ba、Ti、Mn

当 M 为半径较小的金属时，粘接性能较好，并以 Al^{3+} 为最佳。这是因为能形成对 Al^{3+} 配位数低的结构，得到无序固化体，所以容易吸收应力和应变。

磷酸铝结合剂通常用铝的氢氧化物或氧化物、氮化物与磷酸反应制得[47,51-52]：

$$Al(OH)_3 + 3H_3PO_4 \longrightarrow Al(H_2PO_4)_3 + 3H_2O \tag{1-1}$$

$$Al_2O_3 + 6H_3PO_4 \longrightarrow 2Al(H_2PO_4)_3 + 3H_2O \tag{1-2}$$

$$2Al(OH)_3 + 3H_3PO_4 \longrightarrow Al_2(HPO_4)_3 + 6H_2O \tag{1-3}$$

$$Al_2O_3 + 3H_3PO_4 \longrightarrow Al_2(HPO_4)_3 + 3H_2O \tag{1-4}$$

文献[47-48,53]认为粘接性最好、应用最广的磷酸盐结合剂是磷酸二氢铝。它是磷酸盐化合物中 Al/P 为 1∶3的一取代磷酸盐[47,54-57]。该盐有以下几种类型：$Al(H_2PO_4)_3$（C 型），以及 $Al(H_2PO_4)_3 \cdot 1.5H_2O$ 和 $Al(H_2PO_4)_3 \cdot 3H_2O$，目前工业上制得的主要是 $Al(H_2PO_4)_3$（C 型）。

粘接技术已广泛应用于国民经济的各个部门，人们对耐高温、性能稳定、价格低廉、生产过程无“三废”排放的结合剂材料要求越来越高，无机结合剂在这些方面显示了其特有的优势。无机结合剂除其原料来源广、成本低廉、生产工艺简单和生产过程无毒无污染外，它的固化温度大多在 60℃，依靠各种材料间的低温化学反应，即可使结合剂在常温、低温下转变为凝胶相固化，因而其用于生产能耗极低。作为未来替代有机胶黏剂的新型胶黏材料，无机结合剂具有良好的应用和发展前景。

五、总结

综上所述，目前处理绿松石的方法很多，包括无机化合物和有机聚合物处理。其中普遍采用也是珠宝业内通用的方法就是所谓的注塑处理，主要采用密闭真空加压的方法把高分子聚合物充填入质地疏松绿松石中，再使高分子聚合物固结，起到充填胶结的作用，改善绿松石的品质。这种方法工艺复杂，成本昂贵。同时，处理后绿松石内部充填有大量的有机高分子聚合物，导致其成分、结构、物理性质等特性与天然绿松石差异甚大，运用常规宝石学测试方法很容易鉴别出来，并且该方法仅限于处理大粒度的绿松石，对矿山开采后的细小矿渣、加工后的余渣粉料，即小颗粒的绿松石废弃料无法实施。另外一些关于利用无机化合物对绿松石进行优化处理方法的零星研究使我们意识到利用无机结合剂对绿松石进行处理具有一定的优势和应用潜力。

作为世界各国列为资源无公害的粘接材料“绿色”产品，无机结合剂具有原料丰富廉价、生产工艺简单和生产过程无“三废”排放特点，更具有适合处理多孔绿松石的显著优势，主要表现为：无机结合剂分子量较有机高分子聚合物小，易溶于水，容易调节浓度，在对绿松石的处理过程中可以获得较好的渗透速度和渗透深度，无须加压设备，胶体即可均匀渗入到绿松石内部；无机结合剂还具有粘接性能强（理论结合强度高达 10^4 MPa），耐高、低温以及可在较低温度下固化等优点。因此作为未来替代高分子有机聚合物处理绿松石的新型胶黏材料，无机结合剂具有更加良好的应用和发展前景。

第四节　研究内容和技术路线

一、研究内容

本研究以湖北竹山县绿松石为研究对象，辅以湖北郧县、竹山县喇叭山、安徽马鞍山地区产出的绿松石作为比对，主要研究内容包括以下几个方面。

1. 对天然绿松石宝石矿物学性质进行研究

该研究包括产出地质背景、成分、物相和结构特征研究。

2. 对绿松石废弃料围岩杂质的分选提纯研究

绿松石废弃料多是由非工艺级矿、开采后的细小矿渣、加工后的余渣粉料组成，上面多带有由碳质、石英质及铁质矿物组成的围岩和杂质。对围岩成分和种属进行分析研究，确定可能分选提纯出纯净绿松石的方案。

3. 对绿松石无机改性原料及工艺条件之间量化关系的研究

在不同的化学原料配比及工艺条件下，对绿松石改性结果及改性成品的工艺性能及理化性能进行研究，确定无机改性原料及工艺条件之间的量化关系。

4.对绿松石废弃料及次级单体料化学聚合改性机理的研究

在化学原料配比、工艺条件及改性制品性能的量化关系研究的基础上，通过矿物学、材料化学等多学科手段，借助现代的测试仪器分析方法，在对绿松石改性制品的颜色分布、化学成分、晶体结构、物相特征、微形貌特征等研究的基础上，探索胶黏剂对绿松石的改性机理。

5.对绿松石废弃料及次级单体料改性成品工艺性能、理化性能的研究

对改性处理后的绿松石制品进行工艺性能和理化性能的测试，其中包括硬度、密度、可抛性、耐酸碱性、耐热性、耐水性等，以及通过与天然绿松石宝石学参数、性质的比对研究评价绿松石改性的实验效果。

二、研究目标

(1)利用无机黏合剂及相关辅助材料通过压制再造的方法对小颗粒的绿松石废弃料进行改善处理，使其转变成为中高等质量品级的绿松石，摩氏硬度在4以上，工艺性能及理化性能优良，使这类小颗粒废弃料转废为利。

(2)利用无机胶黏剂改性绿松石次级单体料，使其孔隙度降低，摩氏硬度提高至4以上，抛光性能更好，光泽加强至亚玻璃光泽，颜色加深，品级提高1～2个级别，并使改善结果具长久性，从而有效地提高色浅质差绿松石的质量，进一步提高中等质量绿松石的品级。

(3)以绿松石废弃料及次级单体原料的无机胶黏剂改性机理为研究重点，为利用无机胶黏剂改性绿松石提供理论基础与技术支撑。

(4)充分利用短缺的绿松石资源，创造更多的经济效益，满足市场需求。

三、研究方法和技术路线

1.研究方法

参照前期安徽马鞍山绿松石综合再生利用的研究成果，利用绿松石的化学成分中含有磷酸根基团的这一性质，遴选与绿松石化学成分相近的无机黏合剂 $Al(H_2PO_4)_3$ 及相关辅助材料，如促凝剂、活化剂、渗透剂、消泡剂及分散剂等，采用不同的化学配方，在常温常压和低温中低压条件下，通过对小颗粒绿松石废弃料的压制再造和对疏松绿松石的充填胶结处理，达到提高绿松石废弃料的单体尺度和改善绿松石次级料质量的目的，使其宝石学特征、工艺和力学性质达到优质绿松石品质。该方法由于不受绿松石的粒度大小限制，应用范围广泛。

经过反复实验，确定无机改性的最佳工艺过程和原料配比参数，并测量经处理、未经处理的绿松石在常规宝石仪器下的特征与宝石学参数，以评价绿松石改性成品的质量和改性的实验效果。对天然绿松石和处理成品进行现代分析测试分析，包括红外光谱测试分析、电子探针分析、X射线粉晶衍射分析、USB 2000吸收光谱分析及电子扫描显微镜观察分析等，详细比较处理和未处理的绿松石的矿物成分、化学成分、晶体结构和微形貌特征的差异等，

研究并分析总结无机胶黏剂对绿松石的改性机理。

2.研究的特色和创新之处

矿产资源是可供国民经济利用的地球矿物资源，历来是人类社会赖以生存和发展的重要物质基础，在当代人类生产和生活全面走向现代化，却又日益面临能源危机、资源短缺的形势下，倍加珍惜、合理配置、高效益地开发和利用有限的矿产资源，在国民经济建设中具有举足轻重的战略地位。

本研究旨在解决绿松石资源的综合再生利用和品质劣—优转化问题，有助于这类不可再生珍贵的宝石资源得以合理地综合利用，缓解人们对天然绿松石的供需矛盾，使其潜在的经济效益与社会效益得以充分开发，对贫困落后的竹山地区的社会与经济发展起到积极的推动作用。

本研究提供了一套成本低、投效大的绿松石优化处理实验数据，成功地改善了绿松石已有处理工艺技术的不足，解除了传统改善绿松石处理方法的弊端，为我国绿松石资源的再生利用研究提供了重要的参考信息。课题注重绿松石资源综合再生利用基本功能的研究，主要体现为资源经济增益，从增加产值到创造价值。具体表现为：增益功能——优化绿松石矿石品质，提高块状或结核状绿松石原料品级；升格功能——聚合小颗粒绿松石废弃料，提高绿松石单体尺寸。采用有别于传统的真空加压注入高分子有机聚合物的改善工艺，即采用磷酸盐无机黏合剂的化学聚合工艺，使有限的绿松石资源可持续利用，实现了绿松石矿山固体废弃料的资源化。经本研究处理的绿松石成品可加工成首饰用绿松石珠链、戒面、吊坠、观赏石等，具有广泛的市场利用前景。

本研究涉及了地质学、矿物学、宝石学、物理化学、材料学和矿产资源学等多学科领域，注重多学科的交叉研究。所采用的分析方法包括各种谱学方法和微区分析技术，研究的难度大，工作量饱满，是对多学科知识的综合应用，也是对优化处理宝石技术和研究方法的新探索。

3.研究技术路线

本研究的技术路线见图1-2。

第五节 主要工作量

对湖北竹山县秦古镇、宝丰镇、喇叭山绿松石矿区进行了野外地质调研，并对秦古镇、宝丰镇绿松石加工厂以及深圳松源绿松石有限公司加工厂进行了实地考察。采集天然绿松石样品107块，注塑绿松石40块，收集的小颗粒绿松石废弃料约30kg。详细完成工作量见表1-3。

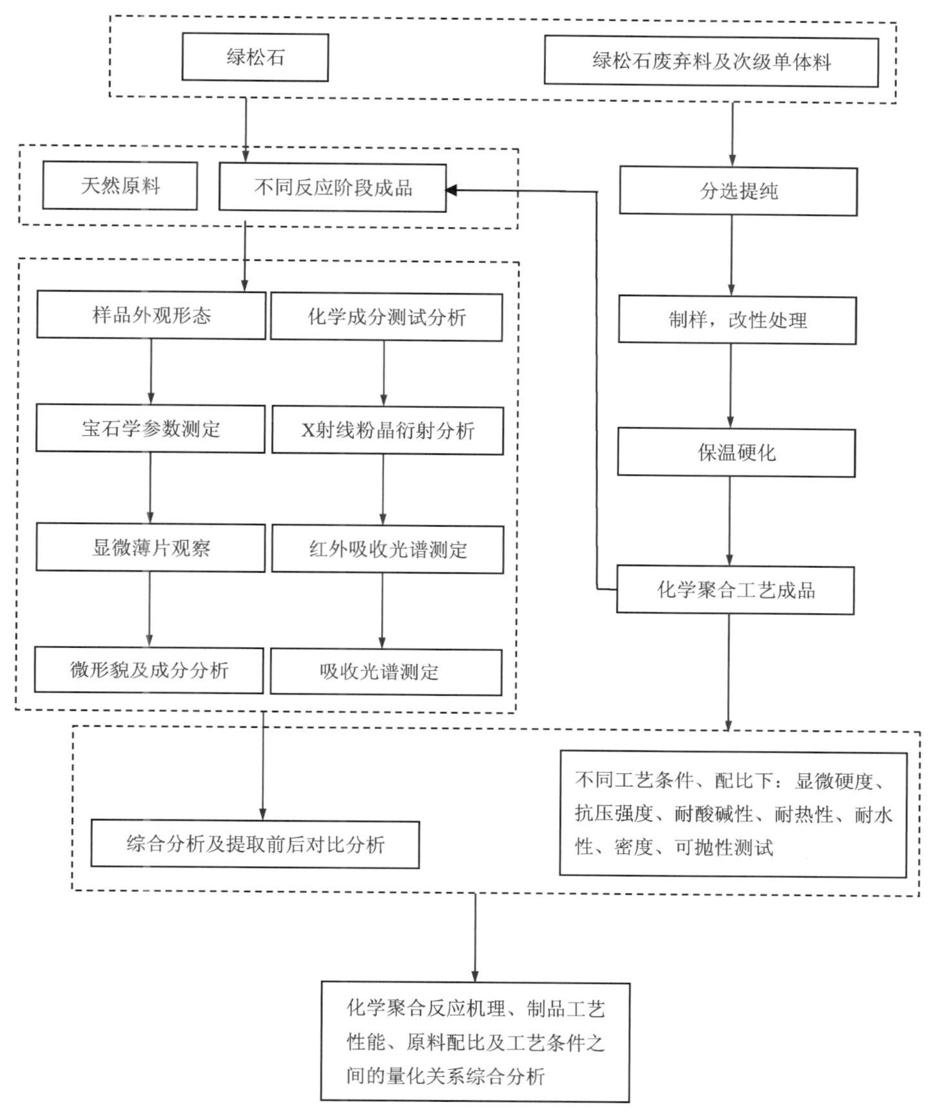

图 1-2 研究技术路线图

表 1-3 论文完成工作量统计

研究方法	工作量
常规宝石学测试与鉴定	82 件
磨制偏光显微镜薄片	20 件
差热分析	20 件
单矿物化学分析	8 件
X 射线粉晶衍射分析	25 件
傅里叶变换红外吸收光谱测试	KBr 压片 52 片，光片 62 件

续表 1-3

研究方法	工作量
近红外可见吸收光谱分析	15 件
环境扫描电子显微镜分析	20 小时
电子探针分析	18 个点
充胶处理绿松石	178 件
压制再造处理绿松石	496 件

第二章　绿松石宝石矿物学特征

绿松石，又名土耳其玉，属优质玉材。世界上绿松石主要产地有中国、伊朗、埃及、美国、智利和澳大利亚。我国优质绿松石主要集中在湖北西北部的郧县、郧西县和竹山县一带，其次在陕西白河县、河南淅川县、青海乌兰县、新疆哈密天湖地区、安徽马鞍山、江苏江宁和云南安宁等地[58]。其中湖北因富产绿松石，被称为“世界绿松石故乡”，也是我国最重要的绿松石资源产地。

近年来，随着珠宝市场需求量的逐步增大，绿松石每年的销售量以25%左右的速度递增，使绿松石原料价格持续暴涨。然而，由于市场上优质绿松石资源短缺，大部分绿松石原矿在过度开发中逐渐枯竭，并且受其矿床成矿地质条件制约，绿松石品质大部分欠佳，多数难以满足人们的审美需要。与此同时，珠宝市场上出现了品类繁多的优化处理绿松石和优质绿松石的仿制品，如染色碳酸盐仿绿松石、吉尔森压制绿松石等。

基于此，市场对绿松石资源的综合再生利用及天然绿松石与其仿制品的鉴别均提出了迫切的要求。有关天然绿松石宝石学特征研究、绿松石化学成分特征研究、分子结构特征研究以及在此基础上深化的绿松石颜色成因研究和绿松石成矿机理研究都是掌握天然绿松石的基本性质、鉴别天然品及其仿制品，研究其资源更佳的综合再生利用方法的基础。本章以绿松石储量最优的湖北省竹山县秦古镇产出的绿松石为重点对象，以竹山县喇叭山、湖北省郧县以及安徽省马鞍山地区产出的绿松石为比对研究对象，对绿松石的产出地质特征、化学成分、显微结构、呈色机理等进行了研究和探讨。

第一节　矿床地质背景

一、湖北竹山地区绿松石矿区概况

竹山县位于湖北省西北部，东邻房县，西接竹溪和陕西省旬阳市，北靠郧县和陕西省白河县，南抵神农架林区和重庆市巫溪县(图2-1)。竹山县绿松石资源赋存在寒武系水沟口组中，该地层在竹山县十分发育，地层的主要特征为秦岭地槽浅海相黑色地层，其岩性为薄层—中厚层状硅质板岩和碳质板岩互层[59-63]。该地区绿松石矿化的强度与硅质板岩含碳量有关，含碳量高，则绿松石颜色深，硬度大且韧性强；但含碳量过高，绿松石则呈灰绿色，即失掉其饰用价值。

按矿床规模竹山县可划分为10个含矿带，其中包括：麻家渡镇喇叭山—四宝寨矿带，其

含矿带范围近 $10km^2$。含矿带 30～80m 宽，延深 200m 左右；秦古镇的东西寨—高桥—洞沟矿带，全长近 15km，含矿带一般 30～50m，延深约 120m。

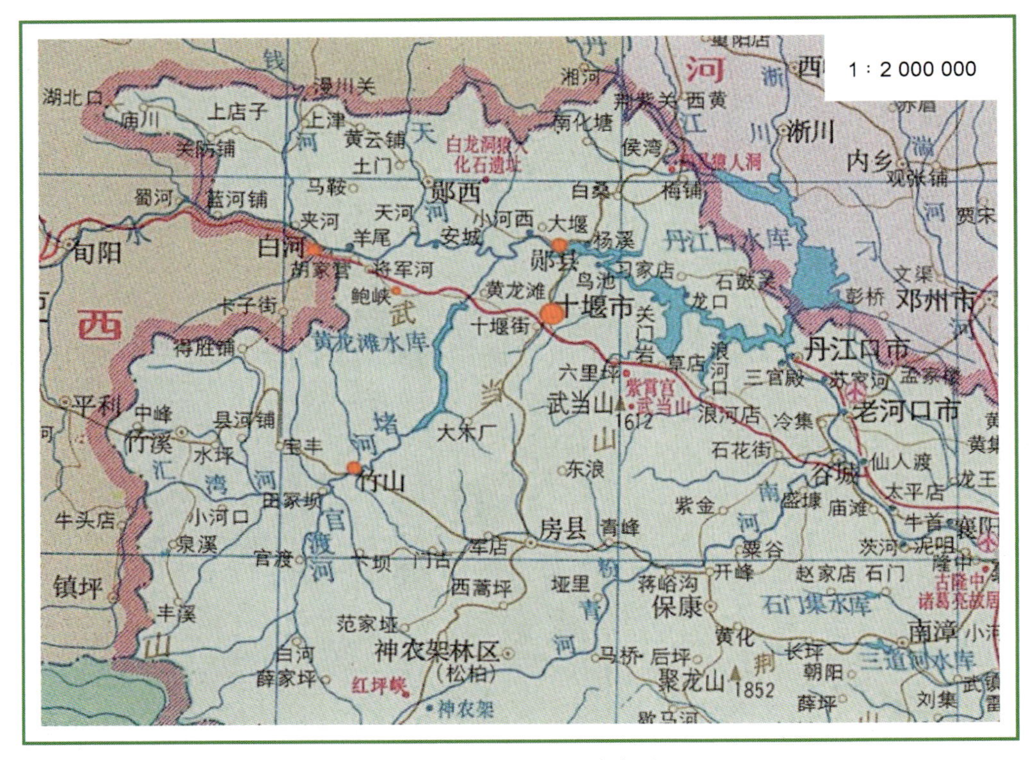

图 2-1 竹山县地理分布图

二、绿松石矿床地质特征

竹山秦古镇绿松石矿区（图 2-2）地处秦岭褶皱带东段武当山地块西侧，绿松石主要赋存在寒武系水沟口组中，含矿岩性主要为一套富含铜、磷的中厚层—薄层含碳硅质板岩、含碳云母石英片岩，地层中磷质结核发育。

图 2-2 竹山秦古镇绿松石矿区

矿带总体呈近北西-南东向展布。区内断裂构造十分发育，几乎所有的优质绿松石矿点均分布于断层附近，构造控矿作用十分明显。区内层间挤压破碎带十分发育，规模不等，在矿化富集带、层间挤压透镜体往往成群分布。破碎带中的充填物为硅质板岩碎块、石英团块、多水高岭石，局部碳质、泥砂质富集，破碎物排列杂乱。层间挤压透镜体与断层密切相关，一般顺层呈单体，或藕节状、串珠状成群出现。绿松石主要产在构造裂隙和层间挤压透镜体中(图 2-3)。一般而言，层间挤压透镜体越发育，产出的绿松石越多，质量就越好。绿松石矿体共生或伴生矿物组合较多，常见有碳质、蓝铜矿、胆矾、褐铁矿、次生石英、高岭石及水铝石等表生矿物。

A. 绿松石沿层间破碎带呈细脉状分布

B. 绿松石在构造透镜体中呈脉状分布

C. 绿松石沿构造破碎带分布

D. 绿松石沿挤压破碎带分布

图 2-3 绿松石沿破碎带分布图

该区绿松石矿体形态类型复杂，多呈不规则结核状、葡萄状、细脉状、浸染状产出(图 2-4)，其中以结核状为主，并为主要宝石用矿石；葡萄状绿松石质地疏松，多经处理用作观赏石；少量脉状绿松石质地坚硬、颜色鲜艳，可直接用于工艺首饰。与湖北其他矿区相比，秦古绿松石颜色偏绿，多为蓝绿色，少见苹果绿、灰绿及浅黄绿。

根据该区绿松石产出的矿床地质特征和矿体形态类型及矿物共生组合特点，推断该区绿松石属于次生淋滤型成因。

A. 绿松石呈结核状、细脉状分布

B. 浸染状绿松石

C. 结核状绿松石

D. 葡萄状绿松石

图 2-4 绿松石形态及分布图

第二节 绿松石宝石学基本特征

一、样品的基本性质

1. 化学组成

绿松石矿物的化学分子式为 $CuAl_6[PO_4]_4(OH)_8 \cdot 4(H_2O)$，资料显示[64-65]，绿松石晶体中 PO_4^{3+} 四面体和 Al、Fe 的八面体配位通过共用 O—H 键结合，Cu^{2+} 则分布于上述混合晶体骨架的空隙中，并被 4 个(OH)和 2 个 H_2O 所环绕。绿松石的颜色由 Cu^{2+} 和少量的 Fe、Zn、Mn 等杂质元素及结晶与结构水所控制。绿松石理论化学成分为：P_2O_5 34.12%，Al_2O_3 36.84%，CuO 9.57%，H_2O 19.47%。自然界产出的绿松石和理论成分有很大的差别。对比秦古地区绿松石(样品图片及描述见附录一)的化学成分，发现该区绿松石都含有一定量的铁，属于绿松石—磷铜铁矿族。其中 Al_2O_3、P_2O_5 和 CuO 的含量均比理论值低，并含有微量的 SiO_2、CaO、Na_2O、MgO、K_2O、TiO_2、ZnO 和极其微量的 MnO(表 2-1)。

表 2-1　秦古地区绿松石化学成分列表(w%)

氧化物	理论值*	Q-1	Q-3	Q-4	Q-9	Q-10	Q-22
SiO_2		0.02	0.06	0.02	0.60	0.20	0.04
Al_2O_3	36.84	26.85	34.90	35.43	31.50	36.30	35.73
Fe_2O_3		8.37	5.57	2.40	7.02	1.43	0.84
FeO		0.26	0.18	0.12	0.08	0.09	0.31
MgO		0.01	0.01	0.00	0.01	0.01	0.01
CaO		0.01	0.03	0.08	0.01	0.04	0.01
Na_2O		0.01	0.02	0.02	0.06	0.01	0.01
K_2O		0.02	0.03	0.06	0.04	0.02	0.04
TiO_2		0.02	0.06	0.04	0.03	0.00	0.03
P_2O_5	34.12	25.78	31.12	32.04	29.28	33.80	32.06
MnO		0.000 6	0.001 4	0.002 6	0.001 6	0.001 1	0.001 3
CuO	9.57	4.06	3.97	5.04	4.63	7.63	1.89
H_2O	19.47	0.48	0.52	0.78	0.73	0.57	0.68
烧失量		29.80	21.72	19.60	20.89	19.52	23.14
T Fe_2O_3		8.63	6.75	2.52	7.10	1.52	1.15
ZnO		0.15	0.08	0.47	0.07	0.12	1.07

注：标*号绿松石成分数据引自岳德银(1995)[66]。

测试单位：中国地质大学(武汉)分析测试中心单矿物化学分析实验室；测试人：潘勇。

2. 光学性质

1)颜色

绿松石颜色可分为蓝色、绿色、杂色三大类。蓝色包括蔚蓝色、蓝色，色泽鲜艳；绿色包括蓝绿色、灰蓝绿色、绿色、浅绿色至黄绿色；杂色包括黄色、土黄色、月白色、灰白色。在宝石业中，以蔚蓝色、蓝色、深蓝绿色为上品，绿色较为纯净的也可用作首饰，浅蓝绿色只有大块的才能使用，可作雕刻用石。杂色绿松石则需人工优化后才能使用。

绿松石是一种自色矿物，Cu^{2+}的存在决定了其蓝色的基色，而铁的存在将影响其色调的变化[67]。绿松石中Fe^{3+}与Al_2O_3的含量呈反消长关系，随着Fe^{3+}的增加，绿松石则由蔚蓝色变为绿色、黄绿色[68-70]。绿松石中水含量一般在15%～20%之间，其中水以结构水、结晶水、吸附水三种状态存在[68,71-73]。随着风化程度的加强，绿松石中结晶水、结构水的含量逐渐降低，结晶水、结构水的脱出与铜的流失一样，将导致绿松石结构完善程度的降低，随着Cu^{2+}和水的逐渐流失，绿松石的颜色由蔚蓝色变成灰绿色至灰白色。

2)光泽和透明度

蜡状光泽，抛光很好的平面可能呈亚玻璃光泽，质地疏松的浅色绿松石具土状光泽，不透明。

3)折射率

绿松石折射率在1.61～1.62之间(表2-2),点测常在1.62处有一模糊的阴影线。

4)发光性

在长波紫外线下,绿松石样品一般无荧光或荧光很弱,呈黄绿色弱荧光。短波紫外线下无荧光。

3.力学性质

1)解理

样品多为块状集合体。

2)硬度

摩氏硬度为4～6,硬度与质量有一定关系,高质量的绿松石硬度较高,而浅蓝色,浅绿色,灰白色,灰黄色的摩氏硬度较低,最低为2.9左右。

3)相对密度

采用静水称重法测定绿松石样品的相对密度SG,测试结果见表2-2。从测试结果可知:绿松石相对密度范围为2.661～2.703。疏松绿松石孔隙大,相对密度小,不易测出,致密绿松石相对密度则较大,一般高于2.60。

表2-2 竹山县秦古地区绿松石的宝石学特征

样号	颜色	形态	SG	折射率	其他特征
Q-1	蓝绿色	结核状	2.703	1.62	颜色均匀,蜡状光泽,不透明,质地致密,瓷状断口,内部可见浅褐黄、灰白色不规则细纹
Q-2	浅蓝白色	葡萄状	不易测	不易测	颜色均匀,土状光泽,不透明,质地疏松,表面有灰褐色围岩
Q-3	浅蓝绿	结核状	2.670	1.61	颜色均匀,蜡状光泽,不透明,质地较致密,纯净
Q-4	浅蓝绿	结核状	2.671	1.61	颜色均匀,蜡状光泽,不透明,质地较致密,纯净
Q-6	浅蓝绿	鲕状	2.692	1.61	颜色均匀,蜡状光泽,不透明,质地致密,纯净
Q-9	淡蓝绿	块状	不易测	不易测	颜色均匀,土状光泽,不透明,质地较疏松,纯净
Q-10	浅天蓝	脉状	2.698	1.62	颜色不均匀,蜡状光泽,不透明,致密,局部有白色和褐色纹路
Q-12	淡蓝绿	结核状	2.684	1.61	颜色较均匀,蜡状光泽,不透明,质地致密,局部含褐黄色围岩杂质
Q-15	浅蓝白	葡萄状	不易测	不易测	颜色不均匀,土状光泽,不透明,质地疏松
Q-19	蔚蓝色	细脉状	2.702	1.62	颜色均匀,蜡状光泽,不透明,质地致密,有褐灰色杂质围岩
Q-20	浅蓝色	块状	不易测	不易测	颜色不均匀,局部稍带点白色,土状光泽,不透明,质地疏松,纯净

续表 2-2

样号	颜 色	形 态	SG	折射率	其他特征
Q-21	浅天蓝	葡萄状	不易测	不易测	颜色较均匀,不透明,质地较致密,较纯净
Q-22	黄绿色	块状	2.661	1.61	颜色均匀,蜡状光泽,不透明,质地较致密,内部有白色斑点状色斑
Q-23	淡蓝绿	块状	不易测	不易测	颜色均匀,土状光泽,不透明,质地疏松,有浅褐灰色铁线纹
Y-1	蓝绿色	结核状	2.676	1.61	颜色均匀,蜡状光泽,不透明,质地致密,表面有褐色杂质
Y-2	浅蓝绿	葡萄状	不易测	不易测	颜色较均匀,不透明,质地致密,表面有大量褐黑色围岩
L-1	天蓝	块状	2.685	1.61	颜色均匀,不透明,较致密,局部有少量褐色杂质
L-2	蓝绿	脉状	2.703	1.62	颜色均匀,不透明,蜡状光泽,局部有褐黄色铁线
M-1	蓝绿	块状	2.702	1.62	颜色均匀,不透明,蜡状光泽,少量褐色杂质

二、样品的组构特征

选取不同方向的绿松石、绿松石围岩进行制样切片,镜下观察结果表明:单偏光镜下,绿松石呈浅褐灰色、浅灰色,正中突起,铁锰质浸染较明显。正交偏光镜下绿松石的干涉色呈Ⅰ级灰色、灰白色、暗灰色,常呈鳞片—微晶结构,局部呈不规则放射球粒状结构。其间常含有暗褐色的丝网线,俗称铁线,铁线物质主要由铁质、碳质、少量的绢云母和细小的黏土矿物组成。局部铁线中含有褐铁矿,褐铁矿有时呈皮壳状结构(图 2-5)。

绿松石的围岩整体结构为中细粒的变晶结构,主要由构造挤压破碎物质组成,单偏光镜下,围岩物质呈黑色、褐色、深黄色,正中—正低突起,局部呈不规则条带状、皮壳状,微褶皱构造发育,与绿松石的界线清楚。正交偏光镜下,围岩破碎物质主要由碳质、石英碎屑(显示波状消光,颗粒呈拉长状、豆荚状)、绢云母及黏土矿物等组成。绿松石团块的边缘多被褐铁矿及碳质所包绕(图 2-6)。

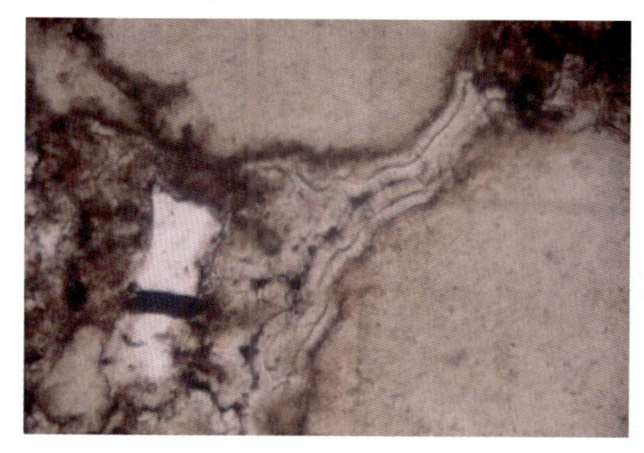

A. 绿松石具鳞片—微晶结构,其团粒边缘发育皮壳状构造,(—),d=1.47mm

B. 绿松石具鳞片—微晶结构,其团粒边缘发育皮壳状构造,(+),d=1.47mm

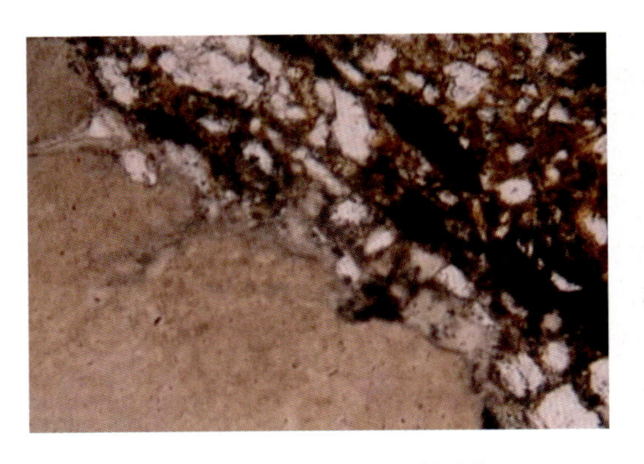

C. 绿松石与围岩的界限比较清楚，边界由碳质组成，(－)，d=1.47mm

D. 绿松石与围岩的界限比较清楚，边界由碳质组成，(＋)，d=1.47mm

E. 绿松石与围岩的界限很清楚，边界由褐铁矿组成，(－)，d=1.47mm

F. 绿松石与围岩的界限很清楚，边界由褐铁矿组成，(＋)，d=1.47mm

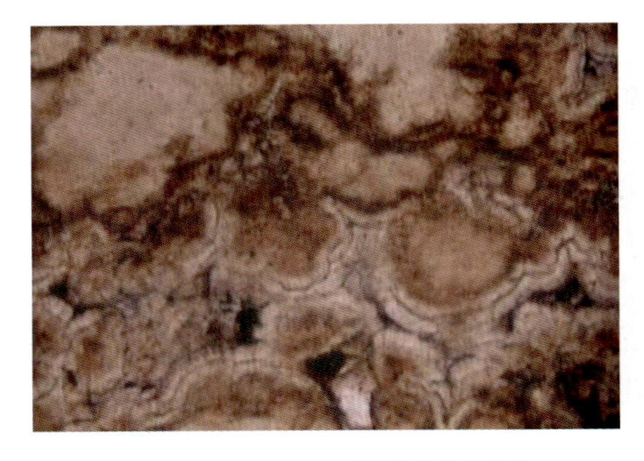

G. 部分绿松石具不规则放射球粒状结构，(－)，d=1.47mm

H. 部分绿松石具不规则放射球粒状结构，(＋)，d=1.47mm

图 2-5 绿松石显微组构图

A. 围岩中大量的碳质、铁质、石英,(—),d=2.00mm

B. 围岩中大量的碳质、铁质、石英,(+),d=2.00mm

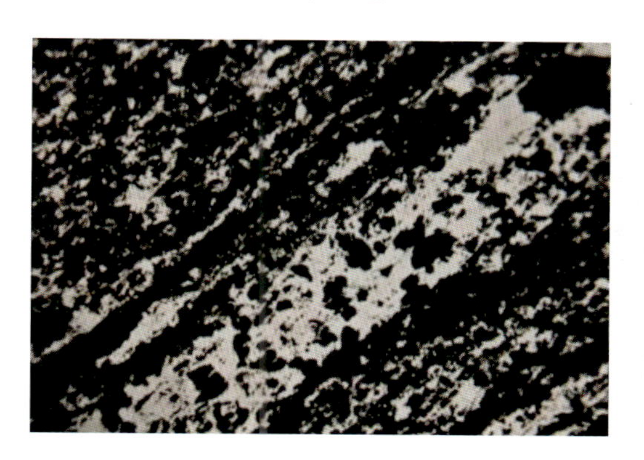

C. 围岩中碳质呈斑点状及不规则条带状顺层分布,(—),d=1.47mm

D. 围岩中石英呈粒状分布,部分石英颗粒呈拉长状,波状消光,(+),d=1.47mm

E. 绿松石边缘的褐铁矿发育典型的皮壳状结构,(—),d=1.47mm

F. 绿松石中的铁线由碳质、铁质(褐铁矿)及黏土矿物组成,(+),d=1.47mm

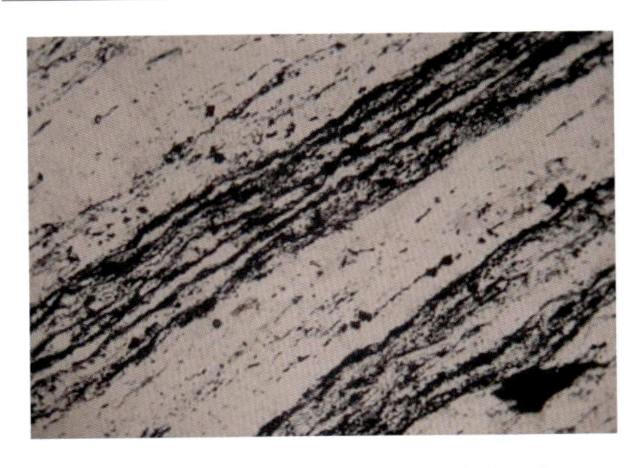

G. 碳质硅质板岩中碳质呈不规则条带状分布，(—)，d=1.47mm

H. 围岩中的构造挤压破碎物质呈杂乱状分布，(—)，d=1.47mm

图 2-6 绿松石及围岩显微组构图

三、样品的物相分析

X 射线粉晶衍射分析多被应用于矿物结晶过程和相转变研究、矿物表面物相研究、矿物缺陷研究、岩组学研究和矿物晶体结构测定等。X 射线粉晶衍射提供的丰富信息对于了解矿物成因，探讨成矿、造岩作用以及矿物岩石的应用研究都具有重要意义。

1. 基本原理

X 射线衍射法又称 XRD 法。X 射线通过晶体，引起晶体中原子的电子振动，振动的电子能发出与入射 X 射线波长相同的次级射线，这些散射就单个原子而言是微不足道的，但是晶体中原子呈周期性排列，所以这些原子的次级射线会发生干涉现象，使之发生叠加或互相抵消，这种现象和可见光通过光栅一样，这些晶体就是 X 射线的立体光栅。X 射线通过晶体后，透射的那部分射线是直线传播的，由于次级射线干涉作用在某些方面上得以加强的射线，相当于射线通过晶体方向发生偏转，即为 X 射线的衍射[74-75]。

X 射线粉晶衍射是 X 射线对多晶粉末进行衍射的一种方法。每一种结晶物质都有其独特的化学组成和晶体结构，因此当 X 射线通过晶体时，每一种结晶物质都有独特的衍射形式，它们的特征可用各个相应衍射面网之间的间距 d 值及衍射线相对强度 I/I_1 表征。其中，d 值与晶胞形状和大小有关；I/I_1 值则与质点种类及其在晶胞中的位置有关[75]。这样，任何一种结晶物质均可根据它特定的 d 和 I/I_1，并与已知矿物标值对比而获得定性鉴定。X 射线衍射法分为 X 射线粉晶衍射法和 X 射线单晶衍射法。粉晶衍射主要是确定组成物质的结构和物相，而单晶衍射主要是用来确定晶体的结构和物相。

2. 测试样品及条件

所测样品为 Q-1、Q-4、Q-9、Q-22，均采自于湖北竹山县秦古地区绿松石矿区（样品图片及描述见附录一）。测试时将绿松石样品磨成粉末。在制样过程中尽量避免样品的污染，确保实验结果的准确性。使用仪器为荷兰帕纳科公司的 X'PertPRO Dy2198 型 X 射线衍射仪，Cu 靶，Ni 片滤波，扫描范围 $2\theta=3°\sim75°$，采用的电压为 40kV，电流为 40mA。

3. 实验结果及分析

与标准绿松石的 X 射线粉晶衍射图谱比对可知所测样品具有标准的绿松石衍射谱线，矿物成分均为绿松石(图 2-7，表 2-3)，并对样品的 X 射线衍射图经指标化用最小二乘法计算得其晶胞参数(表 2-4)。

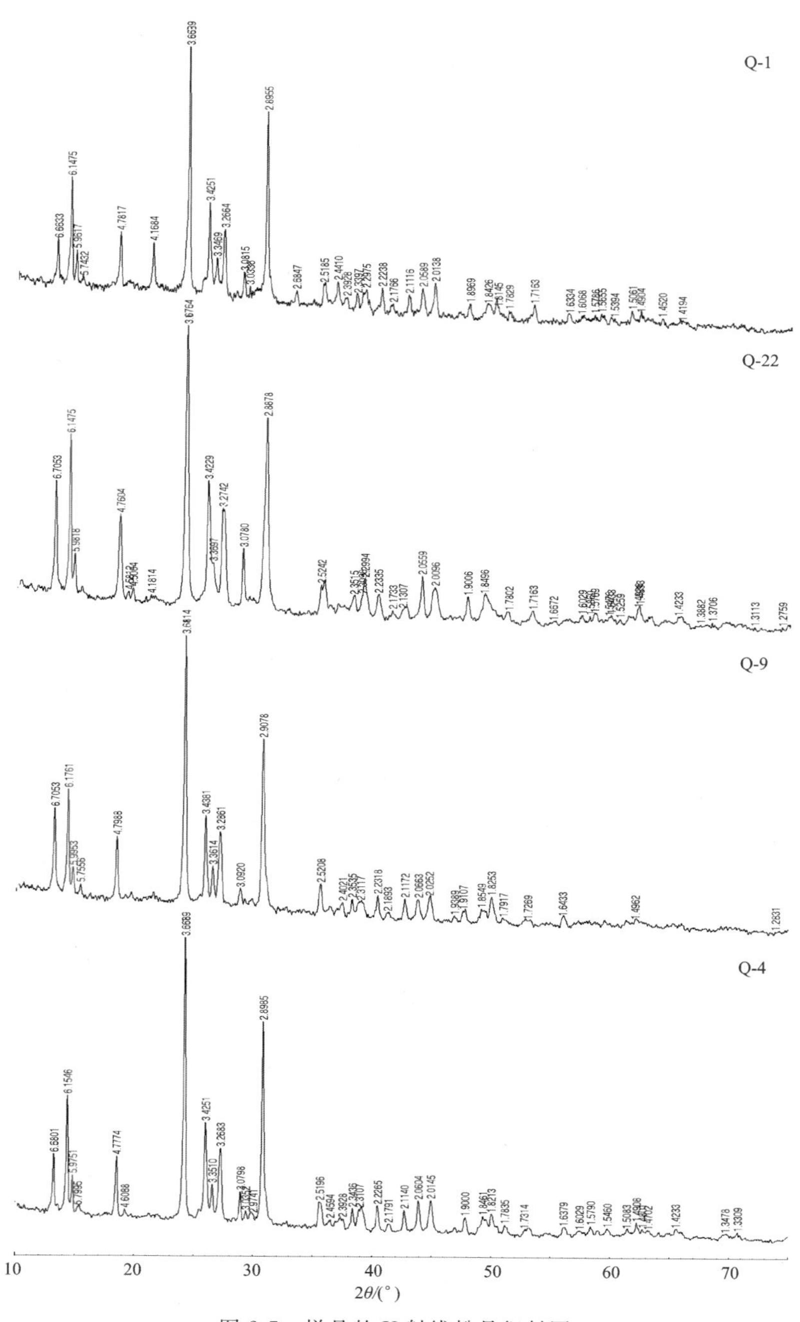

图 2-7　样品的 X 射线粉晶衍射图

表 2-3 实测绿松石主要粉晶衍射数据对照表

样品编号	主要粉晶衍射 d 值(括号内为衍射线相对强度 I/I_1)	鉴定结果
Q-1	3.663 9 (100);2.895 5 (80);6.147 5 (59)	绿松石
Q-22	3.676 4 (100);2.887 8 (72);6.147 5 (68)	绿松石
Q-9	3.681 4 (100);2.907 8 (68);6.176 1 (52)	绿松石
Q-4	3.668 9 (100);2.898 5 (74);6.154 6 (51)	绿松石
JCPDS 卡片*	3.680 (100) ;2.910 (80) ;6.170 (70)	绿松石

注:* JCPDS 卡片 XRD 数据引自 Klein C., Hurlbut C. S. jr. (2002)[74]。

表 2-4 实测绿松石样品的细胞参数数据表

样品编号	晶胞参数						晶胞体积/Å³	空间群
	a/Å	b/Å	c/Å	α	β	γ		
Q-1	7.405 7	9.903 2	7.626 7	111°24′	115°3′	69°39′	459.259	$P\bar{1}$
Q-22	7.395 1	9.891 1	7.616 6	111°16′	115°5′	69°42′	457.714	$P\bar{1}$
Q-9	7.401 9	9.934 6	7.638 2	111°24′	115°32′	69°52′	460.024	$P\bar{1}$
Q-4	7.413 8	9.914 5	7.624 3	111°17′	115°1′	69°37′	460.453	$P\bar{1}$
JCPDS 卡片*	7.49	9.95	7.69	111°60′	115°23′	69°43′	468.41	$P\bar{1}$

注:* JCPDS 卡片 XRD 数据引自 Klein C., Hurlbut C. S. jr. (2002)[74]。

测试单位:中国地质大学(武汉)分析测试中心 X 射线实验室;测试人:余吉顺。

结果表明,不同颜色和形态的绿松石其晶面网的射线谱值及相应的强度十分相似,晶胞参数值差异微小,a 值:7.395 1~7.413 8 Å,b 值:9.891 1~9.934 6 Å,c 值:7.616 6~7.638 2 Å,α 值:111°16′~111°24′,β 值:115°1′~115°5′,γ 值:69°37′~69°52′,晶胞体积数值范围介于 457.714~ 460.453 Å³之间,与标准资料中提供的数据基本相当,说明该区绿松石结构无明显变化,晶体结构稳定。

第三节 绿松石 SEM 分析

现代仪器分析在宝石矿物学材料研究中具有十分重要的地位。近年来,随着科学技术的不断发展和人们对于物质的认识逐渐深入,对显微技术的要求也越来越高。由于传统光学显微镜的光源采用可见光,显微镜分辨率的提高受到了限制,且放大倍数低,成像景深小,清晰度差,亦不能很好地胜任目前对矿物的研究要求。为此,扫描电子显微镜(SEM)得以广泛应用,成为观察矿物微观和亚微观结构的重要工具,也是研究宝石矿物结构的首选仪器之一。

一、基本原理

环境扫描电子显微是一种大型精密仪器,它利用具有一定能量的电子束轰击样品表面,使电子与样品发生相互作用，产生一系列有用信息，再借助特制的探测器，分别对这些信号进行收集、处理并成像，就可以直接观察到样品表面的微结构、形貌和元素分布等信息。环境电子扫描显微镜通过特殊的真空系统设计，样品室的真空度降低，使得不适应高真空的样品保持原始状态进行观察和分析。再利用特制的低真空二次电子探测器和分析型末级光阑，保证了二次电子的分辨率和能谱分析的空间分辨率和分析精度[76]。

环境扫描电镜最基本的成像功能是二次电子成像，它主要反映样品表面的立体形貌，由于样品表面高低参差、凸凹不平，电子束照射到样品上，不同点的作用角不同，因此造成激发的二次电子数不同，再由于入射角方向的不同，二次电子向空间散射的角度和方向也不同，因此样品凸出部分和面向检测器方向的二次电子就多些，而样品凹处和背向检测器方向的二次电子就少些[77]。总之，样品的高低、形状、位置、方向等这些与表面形貌密切相关的性质，变成了不同强度的二次电子信息。电子束逐点扫描产生不同数量的二次电子，依次在荧光屏上显示出亮暗不同的点，也就是相应的像数，再由这些像数组成了完整的二次电子图像。

二、测试样品及条件

分别选取湖北竹山秦古地区半致密结构的葡萄状绿松石样品 Q-21、结核状绿松石 Q-3，结构致密的块状绿松石样品 Q-1 和疏松绿松石 Q-20(样品图片及描述见附录一)进行测试。

本书研究选用的仪器为 Quanta200 型环境扫描电子显微镜，室温 15～20℃，相对湿度小于 80%，加速电压为 200kV，最大束流为 2μA，灯丝为钨灯丝。采用扫描电子显微镜二次电子成像法观察绿松石的表面形貌及新鲜断面结构。为达到较好的测试效果，在测试前对样品表面进行喷金、喷碳处理。

三、测试结果分析

图 2-8 为半致密结构的葡萄状绿松石 Q-21 的表面及新鲜断面结构，图中显示了葡萄状绿松石的球粒状、菱形及柱状微晶结构。低倍率下，样品表面呈大小不等的球粒聚集，其中球体直径介于 50～400μm 之间，球体间隙垂直距离为 30～250μm(图 2-8A、B)，球体由无数柱状—鳞片状微晶组成(图 2-8C)。放大到 3000、6000、10 000 倍时(图 2-8D、E、F)，观察到绿松石球粒由无数外形呈菱形鳞片状、细柱状的绿松石微晶簇呈放射状定向排列而成，微晶长 0.5～3μm，宽 0.2～0.5μm，厚 0.1～0.8μm，微晶间空隙 0.1～0.5μm。

结构疏松的绿松石 Q-20 中则多出现杂乱无章排列的鳞片—薄柱状微晶结构(图 2-9A、B)，微晶大小不等，长轴 0.2～1.5μm，微晶间孔隙度大。半致密样品 Q-12 在显微镜下主要显示片状结构(图 2-9C、D)。结构致密的绿松石 Q-1 在 5000 及 10 000 倍下(图 2-9E、F)可观察到微细小的薄板状微晶作紧密堆积，堆积断面致密，少见孔隙。

通过测试可知：绿松石的显微结构形态多样，微晶多呈菱形鳞片状、柱状、片状和薄板状分布，且绿松石的致密度不同，其微晶排列方式也不同。结构致密的绿松石，镜下微晶堆积紧密，常以微晶簇、微晶团呈放射状定向分布，孔隙度小；结构疏松的绿松石其微晶常呈杂乱无章排布，孔隙度大。

A. 表面球粒状聚集，50×

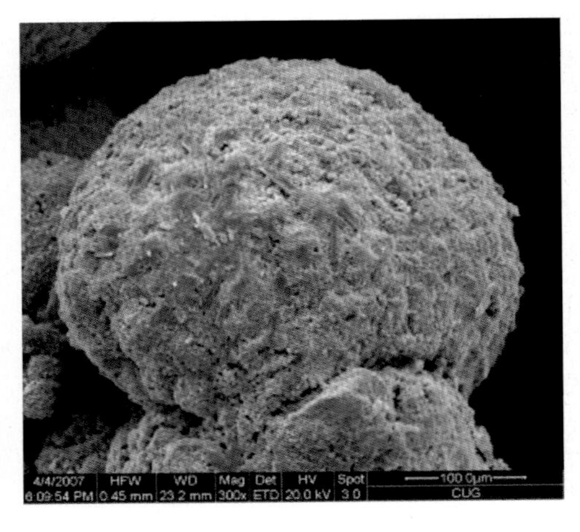

B. 单个绿松石微晶集合体球粒，300×

C. 绿松石微晶呈团球状分布，800×

D. 细柱状绿松石微晶簇，3000×

E. 柱状绿松石微晶，6000×

F. 鳞片状绿松石微晶簇，10 000×

图 2-8　葡萄状绿松石(Q-21)微形貌结构图

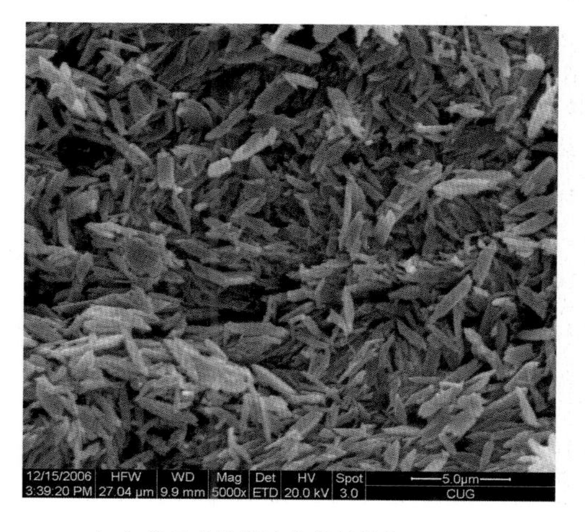

A. 杂乱无章的鳞片状微晶结构，5000×

B. 杂乱无章的鳞片状—柱状微晶结构，10 000×

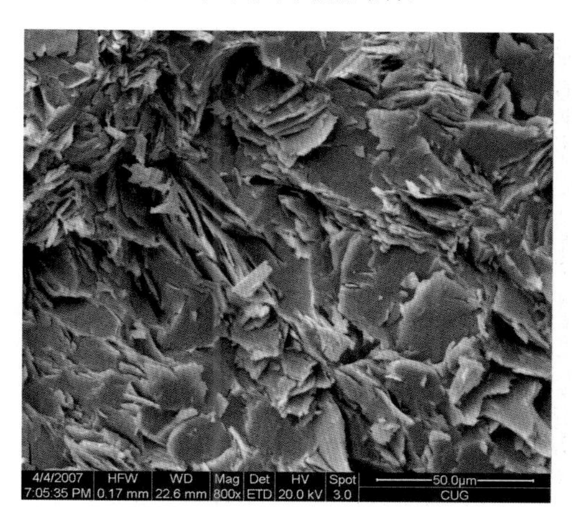

C. 片状结构，800×

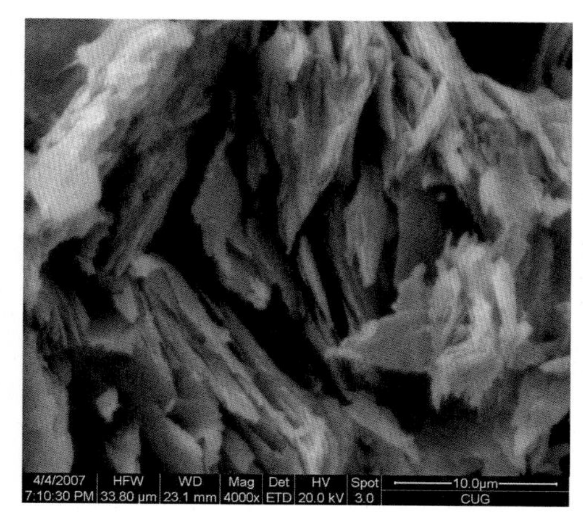

D. 片状结构，4000×

E. 紧密排列的针状和粒状结构，5000×

F. 紧密排列的薄板状结构，10 000×

图 2-9　不同种类的绿松石微形貌结构图

第四节 绿松石谱学特征研究

随着仪器分析方法的不断发展和普遍应用，由紫外-可见光谱(UV)、红外吸收光谱(IR)、拉曼光谱、核磁共振和有机质谱(MS)等为主的光谱方法相互配合，形成一套新的完整的分析方法，并在成分结构鉴定中起到了重要作用。20世纪70年代至世纪末，仪器分析方法又有了新的发展，主要表现在物理、数学、化学和生物学的新概念、新方法向仪器分析渗透以及电子技术、激光、计算机技术在分析仪器装置的应用上。这些测试手段和分析方法在宝石学中的应用也越来越广泛。例如：经有机聚合物充填后的绿松石由于含有大量的有机固化物，在2800～2900cm^{-1}内有明显的CH_2峰，红外显微镜反射法可以准确测定矿物的基频振动，因而可以区分天然绿松石和充胶处理绿松石；人造树脂具有独特的1200cm^{-1}、1600cm^{-1}、3008cm^{-1}、3070cm^{-1}峰，拉曼光谱可以用来区分琥珀和它的树脂仿制品；用紫外光谱可以区分某些天然宝石和合成宝石等[14-15,71]。

分析仪器在宝石矿物的成分、结构鉴定研究中的作用是显著的，但化学手段的辅助作用仍不可忽视。在特定情况下，光谱分析常需要与化学方法结合，才能更好地发挥作用。

一、绿松石红外吸收光谱特征

1. 基本原理

红外吸收光谱法是通过研究物质结构与红外吸收光谱间的关系，进而实现对未知样品的定性鉴定和定量测定的一种分析方法，红外吸收光谱可以用吸收谱带的位置和峰的强度加以表征。

红外吸收光谱是分子振-转动能级跃迁而产生的，当一束具有连续波长的红外光通过物质时，其中某些波长的光就被物质吸收，当物质分子中某个基团的振动频率和红外光的频率一致时，二者发生共振，分子吸收能量，由原来的基态振动能级跃迁到能量较高的激发态振动能级[78-79]。

物质的红外光谱是其分子结构的客观反映，图谱中的吸收峰与分子中某个特定基团的振动形式相对应。红外光谱法最突出的一个特点就是具有高度的特征性。因为除光学异构外，凡是结构不同的两个化合物，一定不会有相同的红外光谱。它作为“分子指纹”被广泛地用于分子结构的基础研究和化学组成分析上。通常，红外吸收带的波长位置与吸收谱带的强度和形状，反映了分子结构上的特点，可以用来鉴定未知物的结构或确定其化学基团；而吸收谱带的吸收强度与分子组成或化学基团的含量有关，可用于进行定量分析和纯度鉴定[78-79]。

分子振动模式和频率决定矿物红外光谱的特点。分子振动模式取决于分子的几何类型和对称性，同一构型但不同对称性的分子，其红外活性谱带数目、简并分裂程度有较大差别，并产生不同特征的红外光谱。

分子振动的类型可以分为以下两类。

(1)伸缩振动:是原子沿价键方向来回运动所引起的键长变化,分对称伸缩和不对称伸缩。

(2)弯曲振动:也称变形振动,是原子垂直于价键方向做相对运动时所引起的键角变化。

由于伸缩比弯曲的力常数大,故伸缩振动的频率较高,而弯曲振动则出现在低频区。

2. 测试样品及条件

分别选取不同颜色、不同形态、不同结构的竹山县秦古地区绿松石样品(Q-1,Q-4,Q-22),及竹山县喇叭山地区绿松石样品(L-1,L-2)和两块湖北郧县地区绿松石样品(Y-1,Y-2)作为比对研究(样品图片及描述见附录一)。样品均抛磨成光片。

绿松石属于不透明的样品,在实验过程中利用镜反射附件,采用反射法对上述样品的红外吸收光谱进行测试。测试仪器为 Nicolet 550 型傅里叶变换红外光谱仪,分辨率为 8,扫描次数为 32,扫描范围为 $4000 \sim 2000cm^{-1}$、$2000 \sim 400cm^{-1}$。

为了验证镜反射法测得的红外吸收光谱的可靠性及红外吸收谱带的位移情况,本书在相同的条件下对不同样品的红外吸收光谱进行了比对。对于测出的反射曲线,应用 Kramers—Kronig 转换技术(简称 KK 转换)使之转换为人们熟知的红外吸收光谱。使用 Omnic-2000 软件对所测的图谱进行处理,采用自动基线校正,并累加处理。

3. 测试结果与分析

绿松石结构中有 2 个处于非等效位置的磷酸根基团,2 个非等效位置的水基团和 4 个非等效位置的 OH 基团,水和磷酸根基团有着两种截然不同的振动特点[80]。故 OH^-,H_2O 及 PO_4^{3-} 基团振动模式和频率决定了绿松石的红外光谱特征。

每个 OH 都有一个拉曼活性和一个红外活性振动,所以在红外和拉曼光谱中可以观察到 OH 的 4 个伸缩振动谱带[78-79]。PO_4^{3-} 为四面体五原子基团,孤立分子属 T_d 对称,根据群论分析,自由基团有 4 个振动模式,即对称伸缩振动(ν_1),二重简并弯曲振动(ν_2),三重简并非对称伸缩振动(ν_3)和三重简并弯曲振动(ν_4)。其特征为:ν_1 吸收弱,PO_4 离子约在 $950cm^{-1}$;ν_3 吸收带宽而强,多分裂为 2~3 个吸收峰;ν_4 吸收强度中等,明显分裂为简并非对称伸缩振动(ν_3)和三重简并弯曲振动(ν_4),其中 ν_3、ν_4 是红外活性的,ν_3 吸收 2~3 个吸收峰,频率约为 $1050cm^{-1}$[79]。典型的磷酸盐类特征振动频率为:$1140cm^{-1}$、$960cm^{-1}$、$650cm^{-1}$ 和 $525cm^{-1}$ 处(表 2-5)。

表 2-5 磷酸盐特征振动频率范围(cm^{-1})

矿物类或多面体	特征振动频率范围			
	ν_3		ν_4	
磷酸盐类	1140	960	650	525

注:ν_3 表示伸缩振动,ν_4 表示弯曲振动,此表引自法默 V.C.(1982)[78]。

根据前人对绿松石的红外吸收光谱的归属[78-81]，绿松石中（图 2-10），由ν（OH）和ν（H_2O）伸缩振动致红外吸收谱带主要位于 3506cm^{-1}、3464cm^{-1}、3278cm^{-1}、3075cm^{-1}处，而δ（H_2O）弯曲振动致红外吸收弱谱带位于 1634cm^{-1}附近。由磷酸根基团伸缩振动致红外吸收谱带为ν_3（PO_4）伸缩振动致红外吸收谱带位于 1196cm^{-1}、1126cm^{-1}、1061cm^{-1}、1014cm^{-1}处，δ（OH）弯曲振动致红外吸收弱谱带出现在 839cm^{-1}附近，由磷酸根基团ν_4（PO_4）弯曲振动致红外吸收谱带主要为 652cm^{-1}、581cm^{-1}、487cm^{-1}。

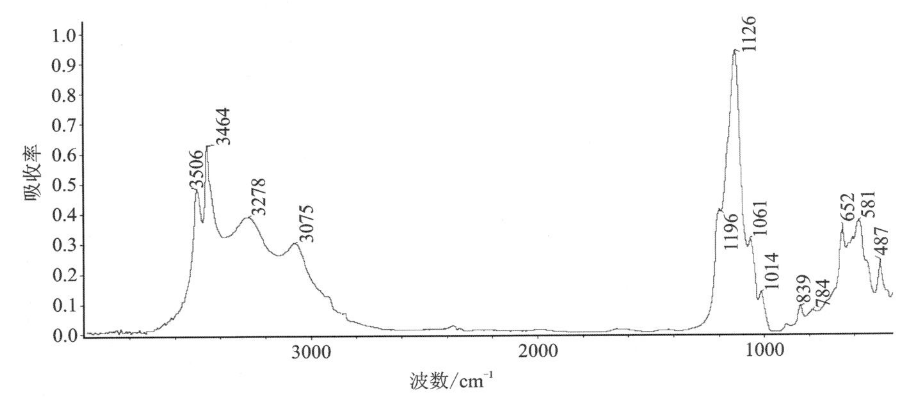

图 2-10　秦古地区绿松石的红外吸收光谱图

如图 2-11 所示，整体上湖北竹山县秦古地区绿松石表现出的红外吸收光谱特征与喇叭山地区以及郧县地区绿松石的红外吸收光谱特征的差异不明显，它们具有相同的 OH^-、H_2O及 PO_4^{3-}基团的振动特征峰，仅在个别波数范围内存在 1～5cm^{-1}微小的偏差（表 2-6），这与绿松石的结晶程度和内部分子化学基团含量有关。

2. 绿松石可见近红外吸收光谱特征

矿物的颜色是矿物对可见光区域内不同波长的光波进行选择性吸收之后，透射或反射出其他具有剩余波长光的混合色。决定和影响矿物颜色的因素是多方面的，但不外乎受制约于矿物的物质组分和其内部结构。对宝石矿物来讲，致色的主要因素包括过渡族色素离子（Cr^{3+}、Ni^{2+}、Co^{2+}、V^{3+}、Ti^{4+}、Fe^{3+}、Mn^{2+}、Cu^{2+}等）内电子跃迁或电荷转移致色；晶格缺陷色心致色及物理性质形成的颜色几种类型。绿松石的基体色蓝色是由其组分中的 Cu^{2+}引起的，而绿松石颜色中出现的多种色调，主要是由 Fe^{3+}与 Cu^{2+}离子及两者水合离子联合作用所致[67-68]。

Fe 元素位于化学元素周期表第四周期第八副族，其外层电子构型为 $3d^6 4s^2$，Fe 的 3d 轨道未满。由于过渡族元素的 d 轨道和 f 轨道要发生晶体场分裂而形成不同能级的轨道组，它们之间的能量差不多与可见光区内的某个波长相对应。当白光照射时，Fe^{3+}的 3d 电子发生 d-d 跃迁，吸收特定波长光，常产生褐红色到橘红色的互补色。Cu 元素也属于过渡族元素，位于元素周期表的第四周期第一副族，其外层电子构型为 $3d^{10} 4s^1$，Cu^{2+}的 3d 轨道也未满，能发生 d-d 跃迁，吸收橙色，产生蓝色的互补色[82]。绿松石所表现的颜色就是这两者所产生的互补色的混合色，而且这种混合色的色调与 Fe^{3+}、Cu^{2+}两种离子的相对含量高低及发生 d-d 跃迁的概率有关。

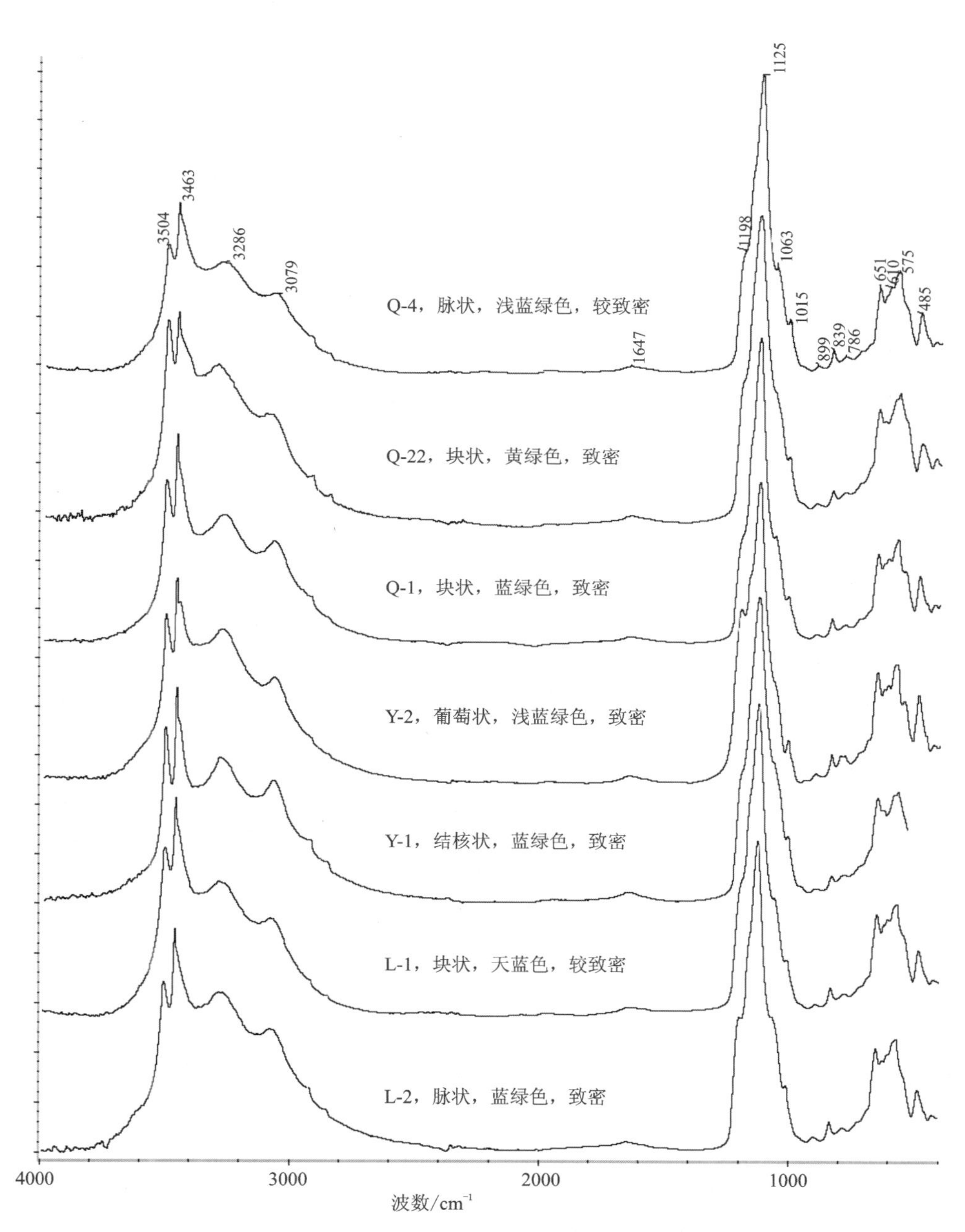

图 2-11　不同类型绿松石红外吸收光谱图

表 2-6 绿松石红外吸收光谱特征(cm^{-1})

振动类型	L-1	L-2	Y-1	Y-2	Q-1	Q-22	Q-4	Q. L. jian*	张慧芬*	法默 V. C.*
ν(OH)和ν(H_2O)伸缩振动	3505	3505	3507	3506	3505	3505	3504	3501	3511	3508
	3463	3463	3464	3465 3451	3465	3464	3463	3465 3448	3465 3440	3463 3446
	3286	3287	3288	3279	3272	3287	3286	3289	3320	3295
	3080	3085	3074	3072	3072	3078	3079	3088	3090	3090
δ(H_2O)弯曲振动	1647	1645	1650	1648	1650	1648	1647	1634	1625	1650
ν_3(PO_4)伸缩振动	1198	1197	1197	1199	1195	1197	1198	1182	1184	1195
								1158	1160	1175
	1126	1125	1128	1127	1126	1125	1125	1110	1105	1115
	1069	1063	1063	1061	1063	1064	1063	1060	1050	1063
	1015	1015	1014	1013	1014	1014	1015	1012	1010	1016
δ(OH)弯曲振动	839	838	839	838	838	839	839	835	837	838
	787	784	790	786	784	785	786	778	777	790
ν_4(PO_4)弯曲振动	652	651	652	653	652	651	651	648	645	645
	573	574	571	578	573	574	575	588	585	580
	550	551	549	546	547	548	552	567	540	555
	485	484	483	488	485	486	485	478	475	480

注：* 数据分别引自 Q. L. jian(1998)[67]，张慧芬(1982)[69]，法默 V. C. (1982)[78]。

1. 样品及测试条件

实验选用秦古地区、喇叭山地区、郧县地区和马鞍山地区不同颜色的绿松石样品(样品图片及描述见附录一)。取样品颜色分布均一的部位为测试点，用宝石切磨机将其切至 0.5～1cm 厚，经粗盘和细盘抛磨后，用 Cr_2O_3 细粉在毛毡盘上进一步抛光至表面呈镜面反光效果。测试仪器为美国 USB2000 微型光纤光谱仪，选用该仪器配套的钨光源(A 光源，色温 2850K)，采用表面反射方式，在室温下，对不同形态、不同颜色、不同产地的绿松石的可见吸收光谱进行测试，测试波长范围为 380～900nm，采样时间为 0.033s。

2. 测试结果与分析

关于绿松石的光谱，J. 迪亚斯、张惠芬等曾经报道过绿松石的反射谱，得到四条 Cu^{2+} 离子的晶体场谱带，它们分别位于 1.639nm、909nm、741nm 及 649nm，其中 649nm 的谱带是 Cu^{2+} 吸收谱中最强的一条[69]。

图 2-12 是不同颜色绿松石样品的吸收图。绿松石的近红外可见吸收光谱(表 2-7)，主要由两个吸收带组成，即分别位于紫光区约 428nm 附近的吸收峰和位于红光区以约 685nm

为中心的宽大吸收峰。其中 428nm 附近的吸收峰，是由与铝发生类质同象替代的 Fe^{3+} d-d 电子跃迁引起的，687nm 附近的吸收峰则是由 Cu^{2+} d-d 电子跃迁造成的[83]。不同颜色的绿松石在可见光波长范围内，均显示相似的可见吸收光谱特征，即分别由 a_1 带 423～428nm，a_2 带683～688nm 组成，a_2 带普遍较 a_1 带更宽大。

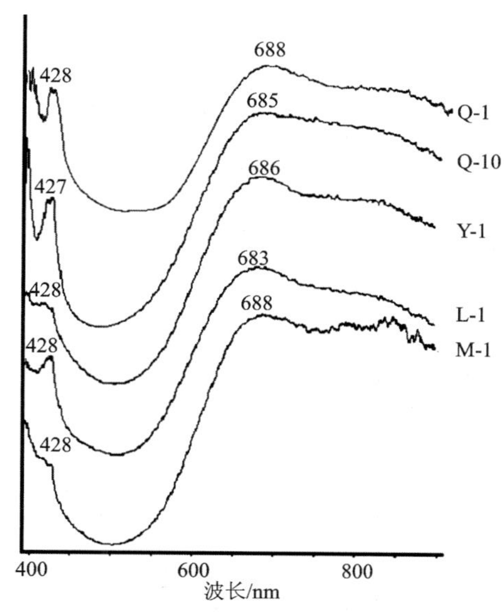

图 2-12　绿松石近红外可见吸收光谱

表 2-7　绿松石的可见吸收光谱特征

样品名称	标本号	外观特征			可见吸收光谱特征/nm
		色相	铁线	均匀度	
秦古绿松石	Q-1	蓝绿色	无	均匀	688 (S)、428(S)
秦古绿松石	Q-10	天蓝色	细小	较均匀	685(S)、427(S)
喇叭山绿松石	L-1	天蓝色	无	较均匀	683(S)、428(S)
郧县绿松石	Y-1	蓝绿色	有，较多	较均匀	686(S)、428(M)
马鞍山绿松石	M-1	蓝绿色	无	均匀	688(S)、428(M)

注：可见吸收光谱强度：S-强，M-中，L-弱。

第五节　绿松石的差热分析

一、基本原理

在程序控制温度下，测量物质与参比物之间温度差与温度关系的一种技术称为差热分析，又名 DTA。

很多物理和化学过程伴随着能量的释放或吸收，例如脱水、熔化、多晶转变、沸腾、分解反应、晶格破坏、氧化还原反应等均是如此。

将有热效应的物质和一个在一定温度范围内没有任何热效应产生的参比物(如 Al_2O_3、MgO 等)在相同的条件下同时加热或冷却时，如试样没产生热效应则试样与参比物的温度差 $\Delta T=0$，差热曲线为一直线。当试样产生吸热效应时，ΔT 为负值，差热曲线出现吸热谷；当试样发生放热效应时，ΔT 为正值，差热曲线出现放热峰。于是，在差热曲线上就出现了温度差—温度的关系曲线，即差热分析曲线[84]。该曲线以温度差 ΔT 作纵坐标，吸热谷向下，放热峰朝上，温度或时间作横坐标，自左向右增加。

二、样品与测试条件

测试选用秦古地区绿松石样品 Q-1、Q-4、Q-20、Q-23(样品图片及描述见附录一)，分析仪器为 STA409PC 型综合热分析仪，室温保持在 15～25℃，湿度维持在 30%～65%，在室温条件下将样品粉碎至 200 目，样品用量约为 10mg。测试条件：室温至 1100℃，Al_2O_3 为参比物，升温速率为 10℃/min，由计算机采集样品从室温升至 1000℃的过程中重量和吸放热变化的数据。

图 2-13 为绿松石差热曲线图，其中 Q-1、Q-4为致密的块状和结核状绿松石，分别为蓝绿色和浅蓝绿色，129～130.8℃间较弱的吸热谷为上述两种绿松石中吸附水脱失的表征，为矿物发生微弱的吸热反应所致。此时随着吸附水的脱失，绿松石的颜色变淡。样品 Q-20、Q-23较 Q-1、Q-4 疏松，颜色为浅蓝色和浅蓝绿色，由于吸附水主要赋存于矿物的微裂隙中及矿物表面，而差热分析样为粉末样，部分吸附水在研磨过程中已经散失，故 100～200℃间的吸热反应不明显。304.7～310.0℃时，DSC 曲线出现大而深的吸热谷，发生强吸热反应，这时主要脱失结晶水和结构水，绿松石发生分解，结构被破坏。结晶水和结构水分别以中性水分子和羟基的形式存在于晶体结构单元中，是绿松石晶体结构中水的主要类型[85]。而在升温加热过程中绿松石颜色由鲜艳的天蓝色、蓝绿色变为灰蓝色和灰绿色，说明了绿松石中水的总量和结合方式在一定程度上制约着绿松石的颜色。

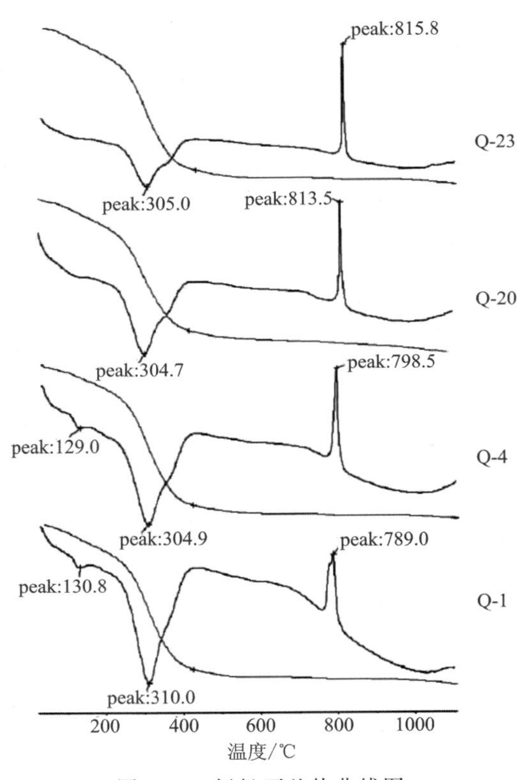

图 2-13 绿松石差热曲线图

加热至 780～820℃时，绿松石样品颜色均变成棕褐色，矿物出现强放热反应，DSC 曲线显示锐而强的放热峰，表征绿松石结构被彻底破坏，以致矿物结构发生调整，并开始伴有新物相的生成。实验还表明，结构较致密的绿松石 Q-1、Q-4 的相变温度（789.0～798.5℃）比结构较疏松绿松石 Q-20、Q-23 的（813.5～815.8℃）低，是由两者成分和结构上的差异导致的。

第六节　本章小结

利用常规宝石学测试方法、薄片分析、X 射线粉晶衍射、环境扫描电子显微镜、差热分析、傅里叶变换红外吸收光谱以及近红外可见吸收光谱对湖北竹山县秦古地区绿松石，辅以竹山县喇叭山、郧县和安徽马鞍山地区绿松石做比对研究，对绿松石的宝石学、矿物学性质进行测试分析，得出以下结论。

（1）绿松石主要呈天蓝色、绿色，其次为淡蓝色、灰蓝色、蓝绿色、绿色、灰绿色和土黄色。绿松石颜色除与致色元素 Fe^{3+}、Cu^{2+} 的含量有关，还与表生风化作用的强度相关，随表生风化作用的增强，颜色变浅，致密程度降低，表面光泽由蜡状光泽转变为土状光泽。绿松石的折射率为 1.60～1.62，密度为 2.661～2.703 g/cm^3，摩氏硬度为 4～6。高质量的绿松石硬度高、密度大，疏松绿松石硬度低，密度小。

（2）绿松石常呈块状集合体，偏光镜下具隐晶—微晶结构，局部呈放射球粒状结构、鳞片状结构。绿松石中常含有深褐色的铁线，铁线物质由铁质、碳质、少量的绢云母和细小的黏土矿物组成。铁线中含有大量铁的浸染物，主要成分为褐铁矿，褐铁矿呈皮壳状结构。

（3）绿松石的显微结构形态多样，微晶多呈菱形鳞片状、柱状、片状和薄板状分布。绿松石的致密度不同，其微晶排列方式也不同。结构致密的绿松石，微晶堆积紧密，常以微晶簇、微晶团呈放射状定向分布，孔隙度小；结构疏松的绿松石微晶常呈杂乱无章排布，孔隙度大。

（4）不同形态、不同产地、不同颜色的绿松石表现出的红外吸收光谱特征差异不明显，具有相同基团的振动特征峰，仅在个别波数范围内存在微小的偏差，3505～3090cm^{-1} 范围内红外吸收谱带为 $\nu(OH)$ 和 $\nu(H_2O)$ 伸缩振动所致，1199～1010cm^{-1} 的红外吸收峰归属为 $\nu_3(PO_4)$ 伸缩振动；$\delta(OH)$ 弯曲振动致红外吸收谱带为 839～777cm^{-1}；$\nu_4(PO_4)$ 弯曲振动致红外吸收谱带主要为 653～483cm^{-1}。

（5）绿松石在可见光波长范围内，显示两条吸收强度不等且宽窄不一的特征吸收谱带，即分别由 Fe^{3+} d-d 电子跃迁引起的 a_1 带 423～438nm 和 Cu^{2+} d-d 电子跃迁引起的 a_2 带 683～688nm，a_2 带普遍较 a_1 带更宽大。

（6）绿松石中水的总量和结合方式在一定程度上制约着绿松石的颜色。

第三章　绿松石等外级原料处理工艺实验

第一节　绿松石等外级原料特征

一、物理性质

用于改性处理研究的绿松石等外级原料（以下简称疏松绿松石，图 3-1）大多是比较疏松的绿松石，呈结核状、团块状、瘤状、星点状等形态，颜色有淡蓝白色、淡蓝色、淡绿蓝色、淡绿色或黄绿色，分布均匀或不均匀，部分绿松石上有片状、浸染状的黄色铁质或团块状、脉状的暗色碳质围岩及网状铁线。疏松绿松石的最显著特征是其结构疏松，质地松软，手感轻，多孔且孔隙度大，放入水中立即产生大量气泡；光泽弱，呈土状光泽；硬度很低，大部分样品指甲可以刻划，同时整体粘接力不佳，用力蹭样品表面可在手上留下白色粉末，或用力能将绿松石原料掰断，从高处落下非常容易破碎和裂开。

图 3-1　绿松石等外级原料（疏松绿松石）

二、宝石学性质

疏松绿松石测不出折射率，测不准相对密度，在长、短波紫外光下无荧光，吸收光谱不典型。

三、工艺性质

疏松绿松石虽然容易切割和粗磨，但是极容易破碎，利用率较低。采用绿色氧化铬粉和软盘对疏松绿松石进行抛光时，发现其无法抛光（绿松石易碎）或抛光不亮，常由于孔隙度大容易被抛光粉污染而变成绿色。

总之，疏松绿松石原料不经过人工处理不能直接作为首饰材料应用。

四、矿物结构

采用溴化钾压片法（测试条件：Nicolet550 型傅里叶变换红外光谱仪，扫描次数为 32，分辨率为 8，扫描范围为 4000～400cm^{-1}，样品粉末与 KBr 按 1∶100 混匀研磨至 200 目），测试不同块疏松绿松石的红外吸收光谱。

如图 3-2 和表 3-1 所示，疏松绿松石显示天然绿松石的标准红外吸收光谱，说明疏松绿松石中主要矿物成分仍为绿松石。

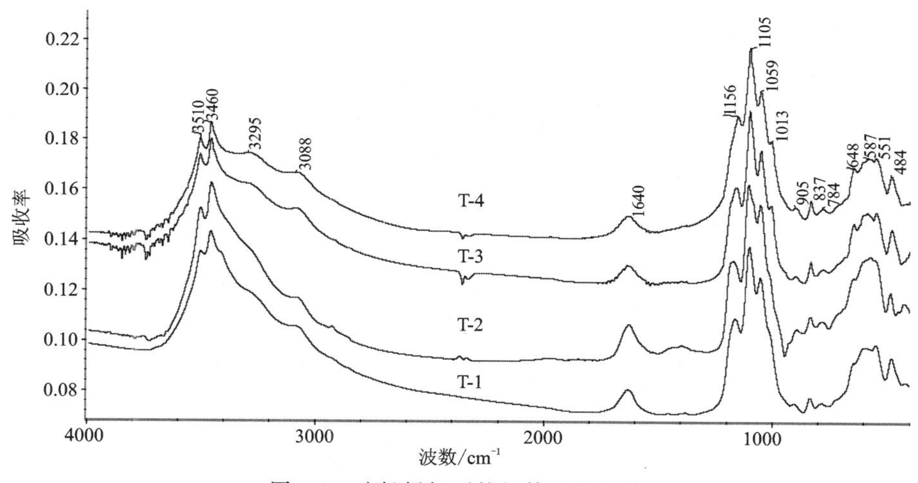

图 3-2　疏松绿松石的红外吸收光谱图

在疏松绿松石红外吸收光谱中，3510～3000cm^{-1}为ν(OH)和ν(H_2O)伸缩振动致红外吸收谱带；1200～1000cm^{-1}的吸收峰为ν_3(PO_4)伸缩振动致红外吸收谱带；650～480cm^{-1}为ν_4(PO_4)弯曲振动致红外吸收谱带；1650～1630cm^{-1}为δ(H_2O)弯曲振动致红外吸收谱带；840～780cm^{-1}为δ(OH)弯曲振动致红外吸收谱带。疏松绿松石中 3300～3000cm^{-1}处的吸收谱带宽缓，是由于疏松绿松石中结构疏松、水的含量相对较低、H 键较弱引起的。

X 射线粉晶衍射的测试结果（图 3-3）进一步证实了红外吸收光谱的测试结果，疏松绿松石的 X 射线粉晶衍射图谱的 3 个主要衍射峰的 d 值和相应强度分别为 3.687 4($I/I_1=100$)，2.906 8($I/I_1=78$)，6.193 3($I/I_1=51$)与 JCPDS 卡片绿松石的数值完全吻合，并且衍射峰尖锐，表明结晶程度良好。

表 3-1　疏松绿松石红外吸收光谱特征(cm^{-1})

振动类型	T-1	T-2	T-3	T-4	Q. L. jian*	张慧芬*	FarmerV. C*
ν(OH)和ν(H_2O)伸缩振动	3507	3509	3510	3510	3501	3511	3508
	3463	3462	3464	3464	3465	3465	3463
			3292	3295	3289	3320	3295
	3089	3095	3090	3088	3088	3090	3090
δ(H_2O)弯曲振动	1636	1632	1639	1640	1634	1625	1650
ν_3(PO_4)伸缩振动					1182	1184	1195
	1165	1175	1166	1156	1158	1160	1175
	1105	1108	1106	1105	1110	1105	1115
	1057	1057	1057	1059	1060	1050	1063
			1014	1013	1012	1010	1016
δ(OH)弯曲振动	838	837	838	837	835	837	838
	787	786	784	784	778	777	790
ν_4(PO_4)弯曲振动	644	647	648	648	648	645	645
	598	574	590	587	588	585	580
	550		549	551	567	540	555
	481	487	482	484	478	475	480

注：* 数据分别引自 Q. L. jian(1998)[67]，张慧芬(1982)[69]，法默 V. C.（1982）[78]。

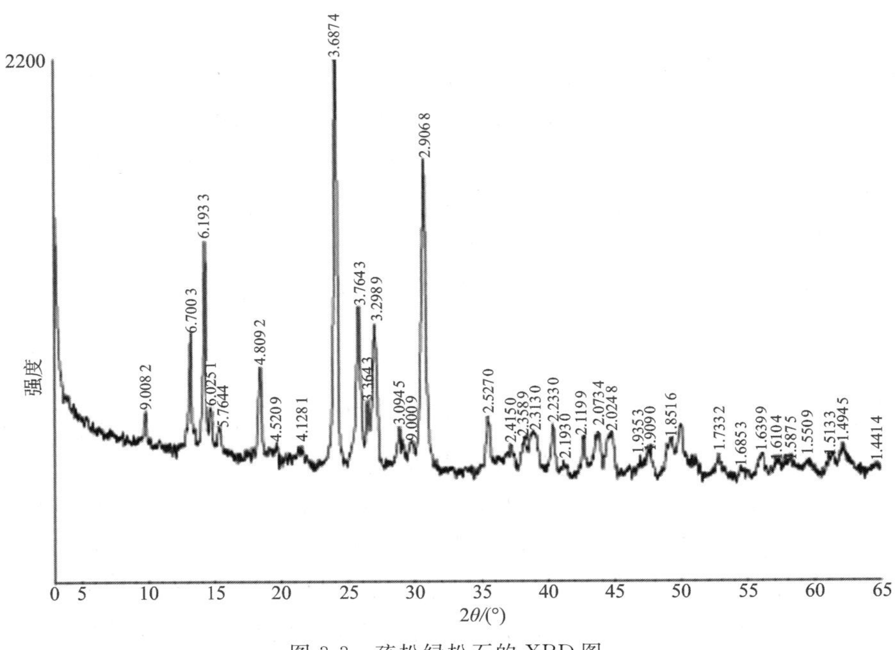

图 3-3　疏松绿松石的 XRD 图

第二节　实验用结合剂的选择

根据结合剂原料来源丰富廉价，生产工艺简单，无污染、分子量小等原则选择可能合适的无机结合剂，按照浸泡—加热—保温—冷却的基本过程改性疏松绿松石，考虑改善后的硬度、颜色和稳定性等效果从而确定最合适的无机结合剂和其他添加成分，并提炼出对实验影响较大的工艺参数，通过大量的实验观察不同工艺条件下的改善效果，从而确定最佳的改性工艺条件。

无机结合剂的耐热性、热稳定性和耐氧化性等远优于有机聚合物[46,86-87]。无机结合剂与有机高分子聚合物相比，其分子量小，在处理疏松绿松石的过程中可能获得较好的渗透速度和渗透深度，且无机结合剂相对无毒无污染，原料来源广、价格低[47-55]。因此，本次实验所选用的主胶黏剂为无机结合剂。

根据实验要求，实验用无机结合剂应符合以下几个条件。

(1)一般的状态是液体或胶状体，并能长时间贮存。

(2)分子量相对较小，能比较均匀地渗透至绿松石孔隙中。

(3)通过固化剂、溶剂蒸发、加热等手段，结合剂能在较低温度下形成聚合物固化或通过其他方式生长在绿松石的孔隙中。

(4)固化后的聚合物，粘接性、耐热性、耐水性等物性均优秀。

根据以上原则作者选择了八种无机盐(包括磷酸二氢钠、磷酸二氢铝、磷酸二氢钾、磷酸锌、磷酸氢铜、磷酸镁等)的不同溶液进行了实验，发现几种溶液均对疏松绿松石结构有一定的改善，但综合考虑疏松绿松石改善效果以及效果的稳定性、经济性等原因选择了其中效果最好的一种无机盐胶黏剂——磷酸铝溶液。

磷酸铝的水溶液能与氢结合形成复杂的网状结构，满足了其具有粘接性的条件。作为一种新型的无机胶结材料，磷酸铝具有粘接性能强(理论结合强度高达 10^4 MPa)、耐高温、固化收缩率小、高温强度大、价格低，可在较低温度下固化及具有良好的红外线吸收等优异性能[88-92]，并且磷酸铝溶液化学成分与绿松石相似，作为处理疏松绿松石的主胶黏剂，不会引入其他杂质基团。

磷酸铝结合剂通常用铝的氢氧化物或氧化物、氮化物与磷酸反应制得：

$$Al(OH)_3 + 3H_3PO_4 \longrightarrow Al(H_2PO_4)_3 + 3H_2O \tag{3-1}$$

$$Al_2O_3 + 6H_3PO_4 \longrightarrow 2Al(H_2PO_4)_3 + 6H_2O \tag{3-2}$$

$$2Al(OH)_3 + 3H_3PO_4 \longrightarrow Al_2(HPO_4)_3 + 6H_2O \tag{3-3}$$

$$Al_2O_3 + 3H_3PO_4 \longrightarrow Al_2(HPO_4)_3 + 3H_2O \tag{3-4}$$

普遍认为粘接性最好、应用最广的磷酸盐结合剂是磷酸二氢铝。它是磷酸盐化合物中Al/P值为1∶3的一取代磷酸盐。该盐有以下几种类型：$Al(H_2PO_4)_3$(C型)，以及$Al(H_2PO_4)_3 \cdot 1.5H_2O$和$Al(H_2PO_4)_3 \cdot 3H_2O$，目前工业上制得的主要是$Al(H_2PO_4)_3$(C型)。

本实验选用的是磷酸二氢铝溶液作结合剂，为无色透明状有一定黏稠度的溶液，有吸湿性，易溶于水，容易调节浓度(图3-4)。

图 3-4　实验用主结合剂——磷酸二氢铝溶液

第三节　无机结合剂充填处理实验

一、样品预处理

将疏松绿松石原石表面的围岩、脏皮或者其他附着物磨掉，清洗干净，放入恒温干燥箱中于 105℃烘若干小时，密封备用。

二、实验过程

实验基本过程为将经过预处理的疏松绿松石原料抽真空后浸泡在磷酸二氢铝的溶液中，溶液通过绿松石的孔隙渗透至宝石内部(图 3-5)。真空状态有助于加快渗透的速度，除此之外还可辅以低温加热。将浸泡好的绿松石置于恒温干燥箱中按一定的升温曲线加热和保温，渗透在绿松石中的无机试剂发生脱水聚合固化，降低疏松绿松石的孔隙度，提高硬度，改善颜色，使疏松绿松石的质量得到改善。

实验过程可以重复，但是，因每一次处理后绿松石的孔隙度会越来越小，当绿松石表面的孔隙完全被充填后即使再进行更多次的处理也不会使改善效果有明显提高，因此，只有第一次处理后孔隙未完全被充填的绿松石才能进行第二次处理。特别是对较大块的疏松绿松石可以进行多次处理，第一次主要提高样品的稳定性和可加工性能，使之能切割和预成型，然后对从原石上切割下来的样品再进行第二次处理，使改善结果更好且比较均匀。第一次处理效果不理想或者极其疏松的绿松石也可再次处理。一次充填处理大概需要一星期，整个实验过程所需时间随样品大小和处理程度而变化。一般来说，样品越大或越致密，耗时会越长。

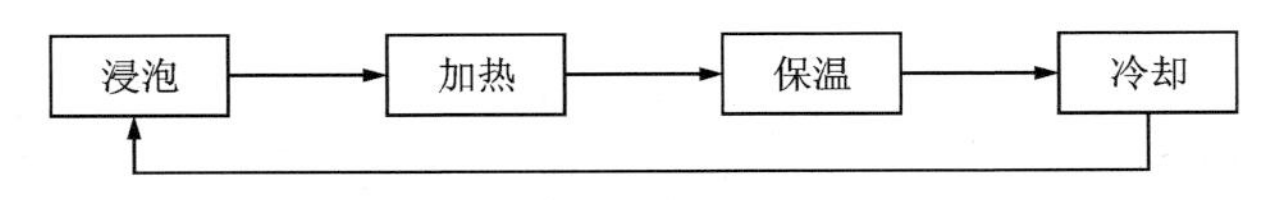

图 3-5　无机充填处理实验过程流程图

第四节　工艺影响因素

要获得比较好的实验结果，必须严格控制对实验影响较大的工艺条件。实验中发现胶黏剂溶液的性质、浸泡时间、浸泡温度、浸泡方式、保温温度、保温时间、升温速度和溶液中添加物的含量对疏松绿松石的改性均有不同影响。通过分别研究每个影响因素在不同条件下的改善效果，选择了效果最佳的工艺条件。

一、结合剂溶液的性质

实验选用的结合剂是由磷酸二氢铝、水和磷酸组成的一种具有黏性的混合溶液，磷酸二氢铝的粘接性能很好，低温时可通过 H^+ 的胶结黏附作用产生足够强度，在较高温度时生成 $AlPO_4$，可进一步促进基质相与胶黏剂的牢固结合[93-94]。作为本实验选用的主要结合剂溶液，实验发现结合剂中有效成分的含量、结合剂溶液的黏稠度和酸度（pH 值）对最终的改善结果有很大影响。

分别量取三等份磷酸二氢铝溶液于烧杯中，第一个烧杯中加入水，使磷酸盐含量小于40%，第二个烧杯不加任何物质，使磷酸盐含量大约为 50%，第三个烧杯置于恒温干燥箱中于 80℃加热两小时，蒸发水分，使磷酸盐含量大于 60%。这三种溶液对从同一块疏松绿松石上切割下来的三块样品分别进行了处理，结果发现加入了水的溶液黏度降低，流动性好，很容易渗透至疏松绿松石内部，但由于黏合剂中有效成分含量的降低，疏松绿松石改善后的颜色相对较浅，硬度较低（镊尖能刻划）（图 3-6A，表 3-2），改善效果不好。此外，溶液中的水分增多，不仅需要更长的加热时间，而且在升温过程中需要升温速度非常缓慢，否则改善后的绿松石极容易产生裂隙，影响改善效率和效果；黏合剂溶液加热至 80℃时，随着加热时间的增加，溶液越来越黏稠，流动性越来越差，越不容易渗透至样品内部，改善效果仅局限于表层（图 3-6C），同样影响改善效果。既不加水也没有加热的胶黏剂溶液处理疏松绿松石后颜色和渗透层深度都相对较好（图 3-6B）。实验还发现可以根据绿松石的相对疏松程度略微调整溶液中黏合剂有效成分的含量和溶液的黏度，对非常疏松的绿松石用比较黏稠的溶液处理效果也不错。

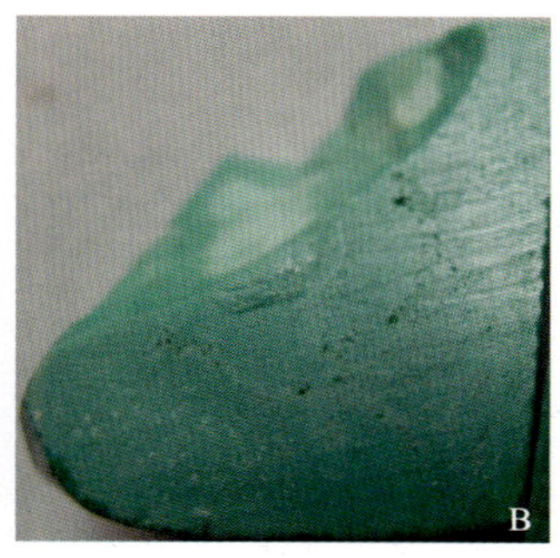

图 3-6　结合剂溶液有效成分的含量和黏稠度的不同对实验的影响

表 3-2　结合剂有效成分的含量和黏稠度的不同对实验结果的影响

有效成分的含量	黏稠度	改善效果
<40%	不黏稠	颜色浅，镊尖能刻划，容易产生裂隙，效果不好
约 50%	黏稠	颜色较深，镊尖不能刻划，改善效果好
>60%	很黏稠	表层颜色深，硬度高，但渗透层很浅

在配制无机溶液时发现酸性强弱（pH 值）对实验也有很大的影响，若室温浸泡时间过长，酸性强的黏合剂溶液非常容易将疏松绿松石溶解成泥状（图 3-7），使溶液呈现浅蓝色，浅蓝绿色或浅绿色；若加热浸泡，即使辅以非常低的温度也会使疏松绿松石在很短的时间内完全被溶解成泥状而不能再利用，严重破坏实验效果。不同 pH 值的黏合剂溶液的实验结果（表 3-3）表明控制 pH 值在 1.5～2 比较好。

图 3-7　黏合剂溶液酸性过强，疏松绿松石被溶解成泥状

表 3-3　不同 pH 值的结合剂溶液对实验的影响

pH 值	影响程度
pH<1	低温浸泡或浸泡时间过长非常容易将疏松绿松石溶解成泥状
pH=1	低温浸泡容易将疏松绿松石溶解成泥状，浸泡时间过长，表面逐渐被溶解
pH=1.5	低温浸泡缓慢溶解疏松绿松石，极其疏松的绿松石也容易被溶解成泥状
pH=2	低温浸泡缓慢溶解疏松绿松石，极其疏松的绿松石浸泡时间过长才会被溶解成泥状

二、浸泡时间

只有疏松绿松石内部也被结合剂溶液浸润，才能使样品整体得到改善，否则改善效果仅局限于绿松石表层，绿松石内部颜色、结构和硬度改善效果均不佳，对后期成品抛磨加工不利，因此实验需要保证一定的浸泡时间。

浸泡时间的长短与绿松石的孔隙度（疏松程度）、试剂组分、加热的温度等因素有关。极其疏松的绿松石，轻轻蹭就会破碎或者掉粉末，因为孔隙度大，第一次处理时一般浸泡较短的时间（几小时），若浸泡时间过长，原本粘接不牢的绿松石被酸性溶液溶解成泥状，严重破坏实验结果。经过第一次浸泡处理后提高了极其疏松绿松石的稳固性，再进行第二次处理时浸泡时间可以相对较长，使改善效果更好更稳定。相对较致密的绿松石或者大块的绿松石需要较长的浸泡时间，几天至十几天不等，才能使绿松石内部也被浸润，但第二次浸泡时间不能过长，否则原来充填的物质又被溶解，使原本已获得的改善效果又被破坏，如同未处理。较黏稠的溶液流动性差，渗透速度比较慢，因此也需要较长的浸泡时间。浸泡过程中辅以适当的加热温度可以提高渗透速度，缩短浸泡时间。

三、浸泡温度

结合剂溶液的黏度在一定范围内随着温度的升高而降低，使流动性变好，更容易使溶液渗透至宝石内部。因此，浸泡过程中辅以低温加热有助于获得更好的渗透速度和深度。但若加热温度过高，水分蒸发过快，无机结合剂自身发生聚合反应，使结合剂溶液黏度增加，在溶液还没有完全渗透至宝石内部时就失去了流动性，使改善效果不能到达绿松石内部。而且，温度越高，溶液中的 H^+ 活性越大，越容易溶解疏松绿松石成泥状，从而使疏松绿松石可允许浸泡时间缩短，且 H^+ 会与绿松石中的微量杂质 Fe 发生反应，放出气体，导致结构更为疏松（图 3-8）。图 3-8A 中样品的铁线大部分与结合剂溶液反应了，图 3-8B 中的样品出现了大量的孔洞，比处理前结构还疏松。

通过大量实验，笔者认为采取密封浸泡，并辅以低温加热改善效果比较好，特别是在冬天，因室温低，溶液的流动性受到很大的影响，必须加热浸泡，夏天温度较高，可以置于太阳光下浸泡，以节省成本和资源。

图 3-8　浸泡温度过高导致的疏松结构

四、浸泡方式

如果将浸泡后的疏松绿松石取出直接加热，则会发生结合剂迁移现象[54]，这是因为实验所用无机结合剂溶液具有较好的流动性，已经渗透至绿松石内部的结合剂溶液在重力或者加热时水分逸出等作用力下逐渐向外迁移，使处理后绿松石外观上表现出明显的分层现象，导致疏松绿松石改善效果不均匀，一般绿松石外层的改善效果好，颜色和硬度提高程度大，而内层没有得到充分的改善，颜色浅，硬度低（图 3-9）。

为解决这一问题或者减弱这种现象的发生，实验中希望渗透至绿松石内部的溶液在升

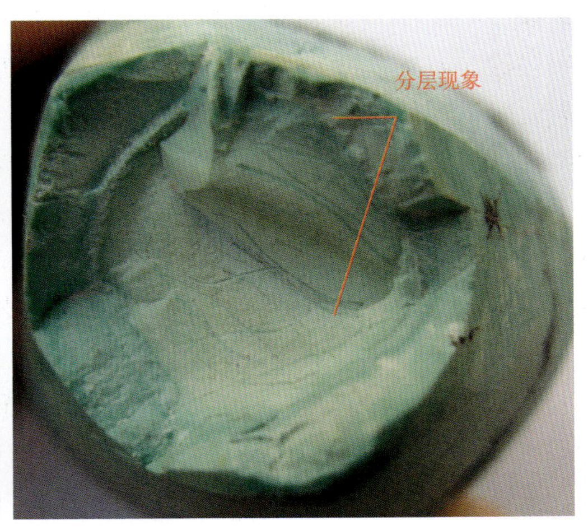

图 3-9　疏松绿松石处理后的分层现象

温前能逐渐失去流动性，固定在内部孔隙中。因此，待低温浸泡时间足够后，再打开密封容器，使水分挥发，溶液流动性降低，凝胶逐渐硬化。待溶液硬化至流动性很低时再继续进行加热升温处理。升温时处理的样品应与黏稠的胶黏剂溶液一起加热，这样可使样品受热均匀，不易产生裂纹。

五、保温温度

保温温度应能满足以下两点要求。

(1)实验用结合剂溶液能固化。固化是结合剂获得良好粘接性能的关键过程，只有结合剂完全固化，绿松石改性后硬度才会最大。实验所选用的磷酸二氢铝溶液可以常温固化，也可以加热固化。一般来说，加热固化的性能远高于室温固化，因此实验选择加热固化。温度是结合剂固化的主要因素，不仅决定结合剂固化完成的程度，而且也决定结合剂固化过程进行的快慢。低于特定的固化温度，结合剂溶液不能完全固化，适当地提高加热温度会加速溶液固化过程，提高结合剂粘接强度，并能大幅度提高改性成品硬度、耐热性、耐水性和耐腐蚀性[95-97]。实验结合剂溶液中含有较多的水分，要充分除去水分，使磷酸二氢能脱水聚合，保温温度不能低于 100℃。

(2)绿松石为含水矿物，含有吸附水、结晶水和结构水。绿松石中吸附水和结晶水对绿松石的颜色有一定影响[69-70]，结晶水和结构水的脱失会破坏晶体结构，并造成绿松石外观缺陷。脱失吸附水、结晶水和结构水的温度大致为 157～556.2℃，可使颜色由蓝色变成黄绿色。陈全莉等[68]认为安徽马鞍山绿松石在 100～200℃之间脱失吸附水，303～310℃主要脱失结晶水。故实验选择固化加热温度≤300℃，实验发现，固化加热温度不能超过 200℃，否则样品表面就会产生黄褐色的斑点(图 3-10)。

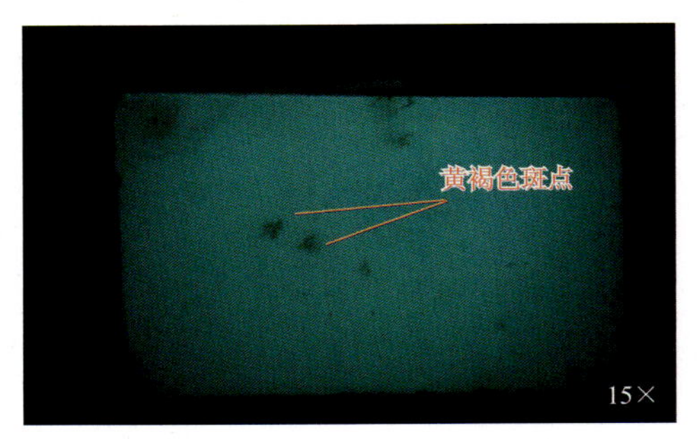

图 3-10　温度过高绿松石表面产生黄褐色的斑点

分别选择100℃、120℃、150℃、180℃、200℃作为最终固化加热温度，对浸泡后的样品进行加热处理实验。实验发现，100℃时温度太低，即使保温非常长的时间，溶液也不能完全固化，结合剂粘接强度低，绿松石硬度改善效果较差。120℃时虽然改善的综合效果较100℃好，但保温时间过长，改善效率低。150℃和180℃时，溶液的固化速度适中，无机物聚合固化过程中产生的水分能挥发出去，颜色和硬度改善效果也比较好；在加热过程中控制好升温速度，绿松石就不会产生裂隙和鼓包。200℃时因加热温度过高，固化速度过快，胶黏剂聚合固化过程中产生的水分还没有挥发出去，溶液就已经固化，易在绿松石内部和表面形成缺陷，影响改善效果。选择200℃作为最终固化温度，虽然疏松绿松石改善后硬度提高很大，但是颜色相对较浅，且改性后的绿松石容易产生裂隙和鼓包。因此，实验中选择的保温温度为150～180℃。

六、保温时间

溶液固化需要一定的时间，适当的固化时间是获得良好粘接强度的必要条件，固化时间过短，溶液固化不完全，甚至不固化，导致粘接强度低。固化时间的长短与固化温度密切相关。适当升高加热温度可缩短实验固化时间，降低加热温度则延长固化时间，若实验选择的固化加热温度低于结合剂溶液固化的最低温度，延长加热时间，结合剂溶液也不会完全固化。

处理疏松绿松石时必须在150～180℃保持足够的时间，使渗透至样品内部的结合剂溶液完全固化，才可获得最大的粘接强度和最理想的改善效果，否则因结合剂固化不完全，粘接强度降低，不能有效改善疏松结构和提高硬度，对处理后绿松石的稳定性和耐久性影响较大。固化不完全的处理绿松石长时间暴露于空气中容易吸湿，使表面黏稠，硬度降低，改善效果不稳定。

保温时间也不能过长，否则样品表面颜色逐渐变浅变灰(图3-11A)，可能是由于处理绿松石表面的磷酸盐过固化、脱水所致。处理后绿松石表面的灰色调可经再次抛磨去除(图3-11B)，但影响利用率。

A.处理绿松石因保温时间过长表面产生的灰色

B.去掉表层灰色后的处理绿松石

图3-11　保温时间过长的处理绿松石

七、升温速度

磷酸铝溶液在升温的过程中会发生一系列的物理化学反应，因此加热固化升温速率不能太快，升温要缓慢，加热要均匀，使温度的变化与固化反应相适应。由于结合剂溶液中含有较多的吸附水和游离水，故固化过程中要在100℃前充分干燥以排出所含游离水和吸附水。

笔者将少量结合剂溶液滴于表面皿中，把表面皿置于恒温干燥箱中直接从室温加热至150℃，发现溶液很快失去流动性，由无色透明的溶液变成无色透明的凝胶，并可见大量的气泡，继续加热，凝胶由无色透明逐渐变成白色固体，表面伴有胀裂的气泡(图3-12)。实验发现升温速率过快，结合剂固化产生的水蒸气使处理样品容易产生鼓包或裂隙(图3-13)；升温速率过慢，需要加热的固化时间过长，改善效率低下。

因此，实验选用阶梯升温，分段加热的方式进行固化。100℃以下以每升高20℃为一个温度段，并分别保温一定时间，使溶液中的游离水和吸附水充分挥发。100℃以上加热时，则需更缓慢的升温速度，温度段选择更为密集，且对于大块的绿松石(大块绿松石尺寸一般定义为：体积大于或等于5cm×5cm×5cm)和极疏松的绿松石样品升温速度要更缓慢。只有严格控制加热升温速度，才能使改善后的疏松绿松石不产生裂隙和鼓包。

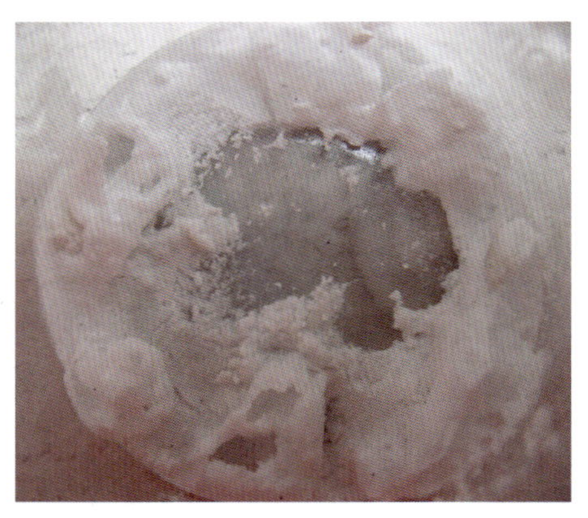

图3-12　升温速度太快溶液固化后表面胀裂的气泡

图3-13　处理前绿松石(A)和因升温速率过快产生裂隙的处理绿松石(B)

八、结合剂溶液中的添加物

综合以上的最优工艺条件对疏松绿松石进行改性处理，处理后的绿松石仍然存在问题即将其置于潮湿的环境中会有一定的吸湿性，其硬度会有不同程度的降低。将处理后的绿松石置于相对湿度为100%的潮湿空气中三个月后，由于吸湿性有的表面会出现局部黏稠现象，并产生白色的团块或斑点，一般是沿着铁线或裂隙产生(图3-14)，这是由磷酸铝的强吸湿性所致。

处理前的绿松石在铁线和裂隙处孔隙较大，处理后沿铁线和裂隙孔洞处充填有大量磷酸铝胶，处理的成品暴露在潮湿的环境中后，空气中的水分子与磷酸铝胶中配位数未饱和的Al^{3+}很容易进行配位，形成水合分子且其水合能力很强。这些水合分子一旦形成，就会不断地进攻破坏“P—O”键或“Al—O”键，造成磷酸铝网状结构被破坏，使粘接膜内聚强度显著降低[98-101]。因此，需在结合剂溶液中添加其他物质降低磷酸铝的吸湿性，才能使改善结果的耐久性更好。

图3-14　处理绿松石吸潮后表面产生的白色团块

实验中选择了很多可能有效的添加物，分别加入到等量的磷酸二氢铝结合剂溶液中，通过比较充填处理后的绿松石经加热固化后置于潮湿空气中是否吸潮、吸潮速度的快慢及成品硬度的改变等因素选择了其中效果最好的一种抗潮试剂——MgO(化学纯)。

实验发现，添加适量的MgO除能有效防潮外，MgO还是一种固化剂，可以促使磷酸铝常温固化，降低固化时间。以MgO为添加剂的磷酸铝胶黏剂中，胶黏产物通常有$MgHPO_4 \cdot nH_2O$、$Mg(H_2PO_4)_2 \cdot nH_2O$、$AlPO_4 \cdot nH_2O$、$Al_2(HPO_4)_3 \cdot nH_2O$等几种[100−103]，见反应式(3-5)，其中$AlPO_4 \cdot nH_2O$和$Al_2(HPO_4)_3 \cdot nH_2O$具有优良的粘接能力，能提高粘接强度，但它们属水溶性物质，容易吸水，使粘接剂的抗吸湿性下降[100]；$MgHPO_4 \cdot nH_2O$和$Mg(H_2PO_4)_2 \cdot nH_2O$的黏性很差，它们的存在会使粘接强度下降，但$MgHPO_4 \cdot nH_2O$为非水溶性产物，形成的胶结物受湿度影响较小，水分子不容易侵入，从而使胶结物抗吸湿性提高。

$$Al(H_2PO_4)_3 + MgO \longrightarrow AlPO_4 \cdot nH_2O + Mg(H_2PO_4)_2(MgHPO_4)^{[54]} \quad (3\text{-}5)$$

由于上述反应生成的凝胶状、胶状含水磷酸铝，以凝胶集合体固化，再加之反应放热，水分蒸发，生成聚合物而使溶液黏度升高，也促进胶黏剂固化[54]。

实验过程中，MgO 添加剂含量越多，固化速度越快，不加热时胶黏剂溶液仅需数小时即能固化，这样使疏松绿松石的浸泡时间大大缩短，不利于溶液的充分浸润；且 MgO 含量增加后，增加了多余的 $MgHPO_4 \cdot nH_2O$，使胶黏剂溶液的粘接性能下降，不利于胶结；若 MgO 添加含量过低，胶黏物则不能有效防潮。

根据以上分析，实验中选择 MgO（化学纯）的质量与磷酸二氢铝溶液的体积比约为（5～7）(g)：100(mL)时，处理后绿松石的显微硬度最大（图 3-15），吸湿性显著降低，改善效果相对较好。

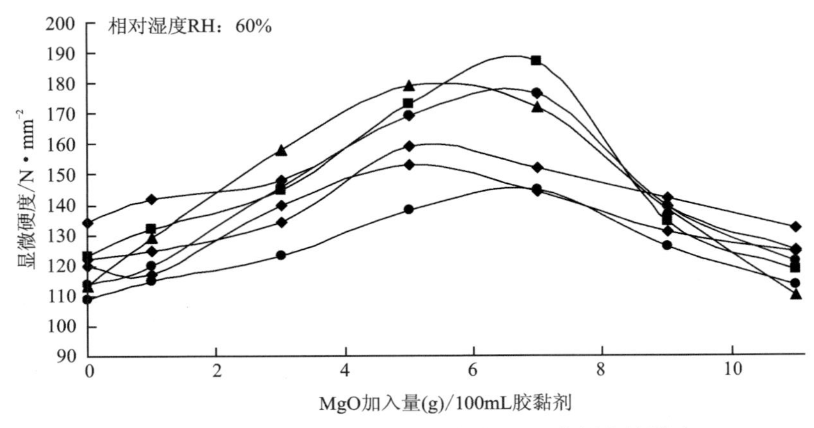

图 3-15　MgO 加入量对处理后绿松石显微硬度的影响

九、注意问题

只有严格控制以上的工艺条件，改善的效果才最佳。虽然实验对象都是疏松的绿松石，但这些绿松石的疏松度仍可能不同，相对疏松的绿松石处理时要求浸泡时间短，升温速率缓慢，相对致密的绿松石要求浸泡时间长，升温速率可以略微提高，因此疏松程度不一致的绿松石不宜同一批处理，否则影响改善效率。处理时最好将具有相同疏松程度和相同大小尺寸的绿松石作为同一批处理，以节省时间和资源。

第五节　无机充填处理实验效果

疏松绿松石经处理后依原石形状打磨抛光，发现有的颜色变得很深，主要为绿蓝色、蓝绿色或绿色，有的颜色仅稍微加深，且颜色分布不均匀。处理后的绿松石保留了处理前的铁线和其他杂色，仿真效果逼真，如图 3-16、图 3-17 及附录二所示。图 3-16 左、图 3-17A 为处理前的疏松绿松石，图 3-16 右、图 3-17B 为经充填处理后样品。实验结果发现，在胶黏剂中浸泡时间较短的绿松石，易出现颜色分布不均的现象，且处理后的绿松石色块分布不均匀，色块之间过渡明显，影响仿真效果；对该类绿松石进行第二次处理后，其颜色较第一次处理有明显改善（图 3-18），颜色分布不均匀现象减弱。

图 3-16 处理前(左)和处理后(右)绿松石的颜色对比

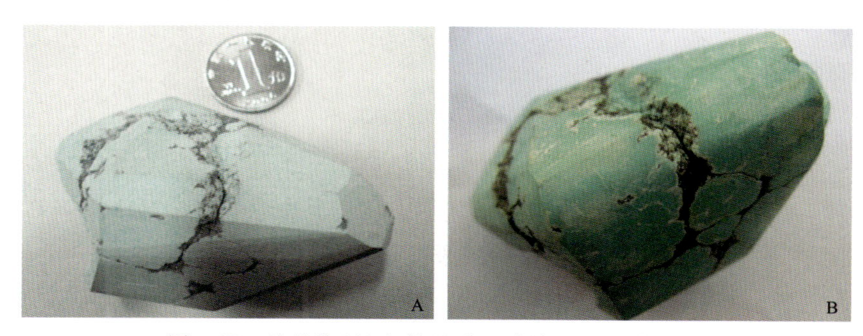

图 3-17 处理前(A)和处理后(B)绿松石的颜色对比

图 3-18　第二次处理(A)和第一次处理(B)的颜色对比

将经处理后的绿松石从中间切开，发现浸泡时间相对较短的绿松石外层颜色深，内部颜色浅，颜色大体呈现从表面至中心逐渐变浅的规律，但内部整体颜色较处理前有明显改善(图 3-19、图 3-20)。少数处理后的绿松石中还分布有明显的浅色团块(图 3-20)，主要是因为绿松石内部部分结构比较致密或浸泡时间不够充分，胶黏剂没有完全渗透。将处理效果不佳的绿松石进行第二次处理后，对半切开发现样品有明显的颜色分层，如图 3-21A 所示，颜色分层现象是由于第二次处理时绿松石孔隙度相对较小，胶黏剂渗透程度有限。二次处理主要是针对第一次处理效果不理想或浸泡时间过短，胶黏剂充填不充分致改善效果不佳的绿松石，目的是进一步改善和加强绿松石近表面的颜色与结构。实验发现，浸泡时间较长、充填充分的绿松石，内部一般不会出现色斑、分层现象(图 3-21B)；且所有经处理后的绿松石，其透明度、颜色、致密度较处理前均有一定程度的改善。

图 3-19　处理前(A)和经处理后(B)绿松石对半切开后的颜色对比

图 3-20　处理前(A)和处理后(B)绿松石内部的浅色团块

图 3-21　两次处理后绿松石的内部特征(A)和浸泡时间较长的绿松石内部特征(B)

第六节　充填处理后绿松石的宝石学性质

疏松绿松石经处理后结构致密，浸泡于水中无气泡或只有少量气泡产生。处理后绿松石较处理前提高了可加工的工艺性，表现为更耐磨，锯切不易破碎，易抛光，光泽强，加工工艺与天然优质绿松石一致，不需要作特殊处理，可加工成首饰用绿松石珠链、戒面、吊坠等(图示见附录二)。

一、光学性质

1. 颜色

处理后的绿松石颜色较处理前提高 2～3 级，颜色丰富，与处理前天然绿松石色调相对应(附录二)。

2. 光泽和透明度

处理后的绿松石容易抛光，抛光后光泽强，为蜡状光泽至亚玻璃光泽，如图 3-22 及附录二所示，手感光滑，不透明。

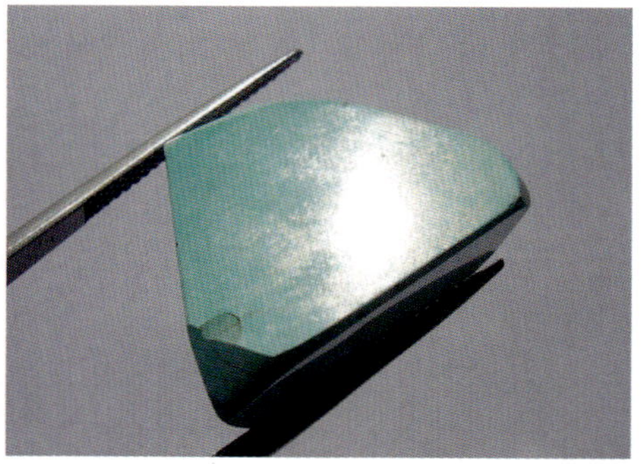

图 3-22　处理后绿松石的蜡状光泽(左)和亚玻璃光泽(右)

3. 折射率

疏松绿松石经处理后折射率为1.60～1.62(点测)(表3-4)，在天然绿松石的范围之内。

表3-4 处理绿松石的折射率(点测)

样品号	折射率	样品号	折射率	样品号	折射率
D-1	1.62	D-24	1.61	S-12	1.62
D-2	1.60	D-37	1.61	S-18	1.61
D-3	1.62	D-38	1.62	S-19	1.61
D-4	1.62	D-42	1.60	S-20	1.60
D-5	1.60	D-41	1.62	S-23	1.61
D-23	1.62	D-46	1.62	S-25	1.62
D-47	1.62	D-48	1.61	S-26	1.61

4. 发光性

紫外荧光特征与处理前特征一致，显示惰性。

二、力学性质

1. 解理

处理后样品与天然绿松石一致，为块状集合体。

2. 硬度

疏松绿松石经处理后结构致密，质地坚硬，抵抗刻划能力明显提高，镊尖一般难刻划或刻划不动。利用显微硬度计(图3-23)测量处理后绿松石的显微硬度(本书显微硬度是指维氏显微硬度)，结果(表3-5)表明处理后绿松石显微硬度为106～297N/mm^2，与天然致密绿松石硬度相当(天然致密绿松石显微硬度一般在130～240N/mm^{2}之间)，其中样品的显微硬度大于140 N/mm^2，镊尖就很难刻划。

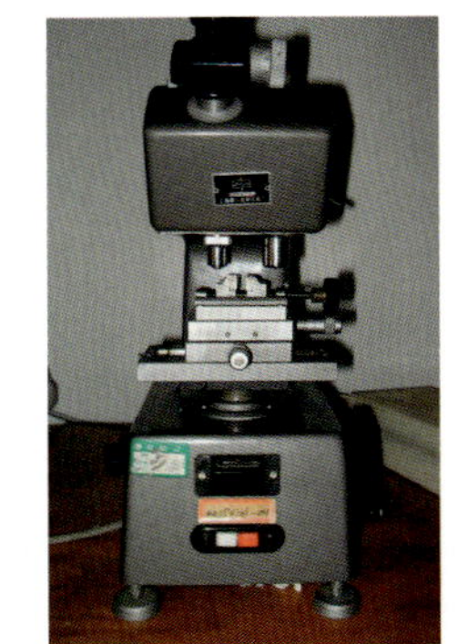
图3-23 显微硬度计

将处理后的绿松石对半切开，用棱角比较尖锐的一部分刻划另一半的切开面，发现浸泡时间较短的样品，从表面往中心能逐渐被刻划，说明从表面往中心硬度逐渐降低，改善效果不均匀。对于浸泡时间相对充分的绿松石样品，从表面至中心，被刻划程度相当，均不易刻划。对浸泡时间较短，处理后颜色不均匀的样品，相对刻划结果显示颜色深的地方难刻划，颜色越浅越容易被刻划，说明硬度和颜色的改善效果是相对应的，可以根据改善后的颜色来判断结构和硬度的改善程度。

疏松绿松石处理后韧性也有一定程度的提高，从2m高处掉下一般不破碎或裂开。

表 3-5　处理后绿松石的显微硬度(N/mm^2)

样品号	显微硬度	样品号	显微硬度	样品号	显微硬度
D-37	137	E-13	231	S-12	244
D-38	148	E-17	106	S-18	168
D-42	130	A-07	258	S-19	132
D-41	183	A-11	297	S-20	123
D-46	167	A-14	268	S-23	179
D-47	156	A-15	251	S-25	184
D-48	143	A-17	263	S-26	166

3. 相对密度

采用静水称重法测定处理后绿松石样品的相对密度，测试结果见表3-6。从测试结果可知：绿松石相对密度范围为2.30～2.55，较天然致密绿松石相对密度(2.661～2.703)低。

表 3-6　处理绿松石的相对密度

样品号	相对密度	样品号	相对密度	样品号	相对密度
D-23	2.34	S-5	2.31	S-15	2.51
D-24	2.41	S-7	2.47	S-17	2.39
D-37	2.31	S-9	2.39	S-18	2.45
D-42	2.41	S-10	2.36	S-19	2.45
F-18	2.50	S-11	2.42	T-1	2.45
S-2	2.38	S-12	2.49	T-2	2.51
S-3	2.30	S-13	2.46	T-3	2.52
S-4	2.38	S-14	2.42	T-4	2.55

三、耐久性测试

1. 热稳定性测试

(1)将处理后的绿松石置于盛满水的烧杯中，并将烧杯密封，在恒温炉中保持60℃持续加热120h后，样品光泽及硬度均未发生明显变化。将处理后的样品暴露于太阳光下暴晒120h，处理绿松石的颜色亦没有发生肉眼可见的变化(图3-24)，硬度没有发生改变。

利用USB4000测试了处理样品S-12的颜色特征以及太阳光照射120h后同一区域的颜色特征，如图3-25所示。测试结果表明，样品S-12的颜色主波长为542.7 nm，饱和度为1.297，明度为0.479，照射120h后颜色主波长为534.1 nm，饱和度为1.271，明度为0.383，没有发生明显的改变。

图 3-24　样品 S-12(左)和太阳光照射 120h 后(右)的颜色对比

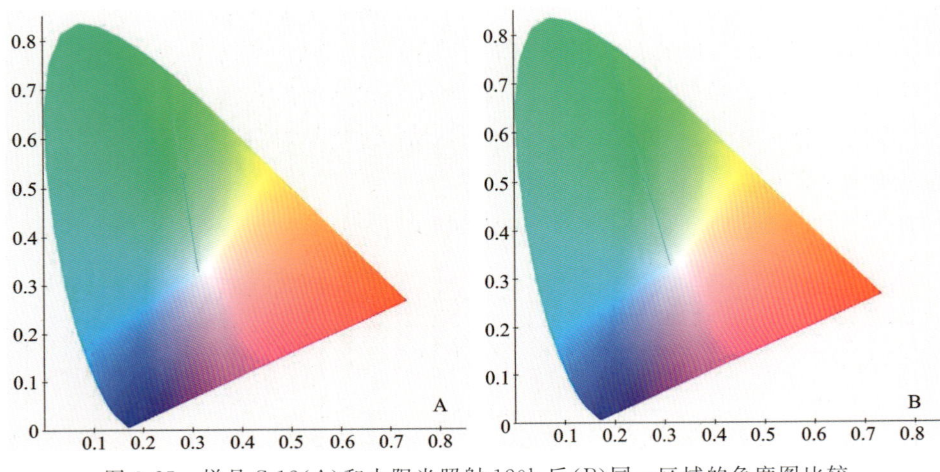

图 3-25　样品 S-12(A)和太阳光照射 120h 后(B)同一区域的色度图比较

2. 耐水性测试

将处理后的绿松石浸泡在 60℃温水中 120h,处理后的绿松石均未破碎和裂开,将其晾干后样品没有褪色现象,硬度也没有明显降低。

3. 抗污染性测试

将处理前后的绿松石样品分别浸泡在沐浴露、洗发水、茶水、黑墨水和食用油中各 12h,结果为:经沐浴露、洗发香波、茶水和食用油浸泡后,未处理的疏松绿松石颜色变深,再经加热或阳光照射后加深的颜色容易褪掉,部分疏松绿松石还会破碎或裂开;处理后的绿松石不会破碎或裂开,晾干后颜色不发生改变,用棉签蘸酒精用力擦拭不掉色;经黑墨水浸泡后,发现两者表面均被污染上黑色,疏松绿松石上的脏色清水很难冲洗掉,处理绿松石的抛光面则很容易冲洗干净。

综上所述,疏松绿松石经无机改性后抵抗污染能力加强。

4. 耐酸碱性测试

将处理后的绿松石样品分别在 pH 值为 4 的 HCl 溶液和 pH 值为 10 的 NaOH 溶液中浸泡一个月，样品未发生任何改变。

因此，分析认为疏松绿松石经改善后的颜色和结构都具一定的耐久性，整体抵抗污染能力加强，其稳定性达到了首饰用要求。

四、小结

疏松绿松石经过无机充填处理后颜色可以加深至饱和度很高的蓝绿色、绿蓝色和绿色，透明度提高，光泽加强。硬度可以从指甲容易刻划提高到镊尖不能刻划，显微硬度为 106～297N/mm^2，结构致密，质地坚硬，加工工艺性能良好，切割和抛磨的工艺与天然绿松石一致，可加工成首饰用绿松石珠链、戒面、吊坠等。其宝石学特征，如光泽、相对硬度、折射率、紫外荧光等与天然绿松石相近，仿真效果好。缺点为处理后的绿松石相对密度低，尺寸较大的绿松石改善后颜色未能达到优质绿松石级别，相对较浅的颜色、较低的相对密度与处理后绿松石优异的光泽和高硬度形成反差。

天然绿松石和无机充填处理前后绿松石的特征如表 3-7 所示。

表 3-7　天然绿松石和无机充填处理绿松石的特征比较

性质	疏松绿松石	天然绿松石[14]	无机充填处理绿松石
外观特征	淡蓝白色、淡蓝色、淡绿蓝色、淡绿色分布均匀或不均匀，也有斑点、网脉或暗色矿物杂质，不透明	浅至中等蓝色、绿蓝色至绿色，常有斑点、网脉或暗色矿物杂质	或深或浅的绿蓝色、蓝绿色或绿色，分布不均，保留了处理前的铁线和杂质。有不均匀的色块与色块之间过渡明显
结构	结构疏松，质地松软，孔隙多，高处落下容易破碎或裂开	结构致密，质地细腻，孔隙少，韧性较好	结构致密，孔隙少，2m 高处掉下一般不破碎或裂开
光泽	土状光泽至蜡状光泽	蜡状光泽至玻璃光泽	蜡状光泽至玻璃光泽
硬度	硬度低，大部分样品指甲可以被刻划	摩氏硬度 5～6	显微硬度 106～297 N/mm^2，天然中高档绿松石不容易被刻划或不能被刻划
相对密度	手感比较轻，相对密度不可测	2.76(+0.14，−0.36)	2.30～2.55
折射率	不可测	1.610～1.650，点测法通常为 1.61	1.60～1.62(点测)
紫外荧光	无	长波：无至弱，绿黄色；短波：无	无

第七节　本章小结

本章采用磷酸二氢铝溶液为主胶黏试剂，以 MgO 为添加辅料，在没有加压的条件下以浸泡—加热—保温—冷却—加工为基本实验过程对疏松绿松石进行改性处理。实验结果表明：磷酸铝胶黏剂溶液的性质，绿松石的浸泡时间，浸泡温度、浸泡方式、保温温度、保温时间和溶液中添加物 MgO 的含量对疏松绿松石的改性效果均有不同程度的影响。通过研究不同工艺参数或条件下的改善效果，选择了效果最佳的工艺条件。

(1)选用的磷酸二氢铝胶黏剂质量分数约为 50%，才能保证胶黏剂处理疏松绿松石后的颜色和渗透深度相对较好，浓度相对较大的胶黏剂溶液无法渗入到绿松石内部，浓度较小，则会影响粘接强度。为确保疏松绿松石不会因浸泡时间过长而被磷酸二氢铝溶解成泥状，胶黏剂溶液 pH 值控制在 1.5～2。每 100mL 胶黏剂溶液中添加 5～7g MgO(化学纯)，才能使处理后的绿松石有效防潮。

(2)疏松绿松石处理时宜采取密封并辅以低温浸泡处理。视季节变化，胶黏剂溶液的流动性受到一定程度影响，故冬季处理疏松绿松石时，必须加热浸泡，夏季温度较高，可置于太阳光下浸泡，以节省成本和资源。

(3)根据绿松石相对致密程度及尺寸大小的变化浸泡时间一般为几天至十几天不等。处理时最好将具有相同疏松程度和相同大小的绿松石同一批处理，以节省时间和资源。

(4)充填处理后的绿松石需在低温凝胶硬化后才能进行加热固化处理，若浸泡后直接加热固化，会产生结合剂迁移现象而使处理后的绿松石产生鼓胀和裂隙，严重影响处理效果。实验采用阶梯升温，分段加热的方式对处理后的绿松石进行固化。对一次处理效果不佳或者大块的疏松绿松石可以按照上述过程进行两次或多次浸胶充填处理。只有严格控制上述工艺条件，改善的效果才能达到最佳。

(5)利用磷酸铝胶黏剂溶液充填处理后的绿松石质地坚硬，显微硬度为 106～297N/mm^2；颜色可以加深至饱和度很高的蓝绿色、绿蓝色和绿色，外观仿真效果好。宝石学性能优良，如光泽、折射率、紫外荧光等与天然绿松石相近；耐久性较好，加工工艺性能与天然优质绿松石一致，利用常规宝石学测试方法不易鉴别，可以加工成首饰用珠链、戒面、吊坠等。

第四章　绿松石废弃料再生处理工艺实验

第一节　绿松石废弃料原料特征

近来绿松石加工企业和经营者越来越多,已经逐渐形成了一套绿松石加工产业体系。然而绿松石矿虽已有数千年的开采史,但其开采手段依然非常原始。由于绿松石矿一般都位于地势险要,交通不便的山坳处,矿工大都为当地村民,故绿松石矿一般不采用大型贵重的矿山开采设备。绿松石通常产在近地表,深度一般集中在海拔 30～50m 处,开采时通常要先开出竖井和水平坑道,用炸药将岩石疏松,再用吊桶将其提升至地表,少有辅助器械,多为纯手工劳作。对于浅层的矿床,一般用露天切槽或浅竖井来开采。

至今,绿松石矿的开发在绿松石主产地已全面展开,然而绿松石的资源也在过度开发中逐渐枯竭。在湖北竹山县,珍贵的绿松石资源被肆意盗挖,时间长达十多年之久,尽管政府一再整顿开采秩序,也难有成效。一些人因开采绿松石而成为商业巨头,甚至左右着中国和世界的绿松石市场。由于数十年来的无序开采、绿松石加工业的恶性竞争,以及矿山开采技术和加工装备落后,资源利用率低,导致绿松石资源大量浪费,每年数吨开采后的绿松石细小矿渣和加工后的绿松石余渣粉料被丢弃。

一、物理特征

绿松石废弃料颜色丰富,有蔚蓝色、蓝白色、绿蓝色、绿色、黄绿色等(图 4-1);粒度较小,单体尺寸一般小于或等于 0.5cm×1cm×1cm,或呈粉状。绿松石废弃料致密程度不等,多为较致密的绿松石颗粒,硬度大。绿松石颗粒上多带有由石英质、碳质和铁质矿物组成的围岩与杂质。

图 4-1　绿松石加工后的细小矿渣和余渣粉料

二、物相组成

将绿松石废弃料清洗干燥，磨匀至 200 目，进行 XRD 测试，结果表明：绿松石废弃料中主要成分仍为绿松石（图 4-2），并含有极少量石英，石英含量一般小于 2%。

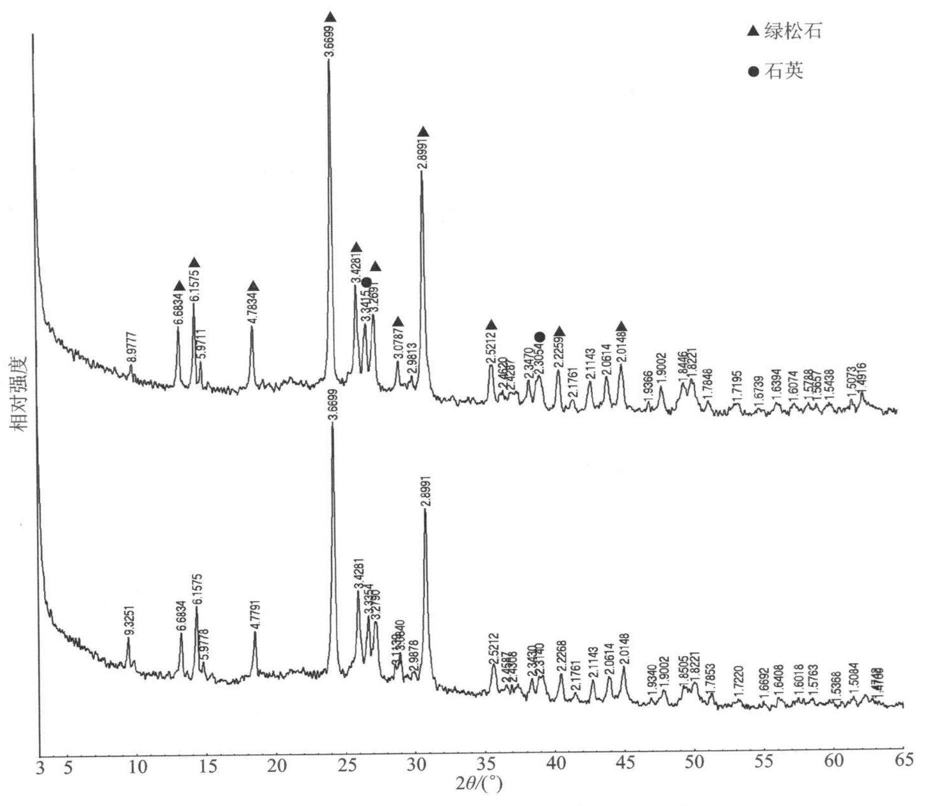

图 4-2　绿松石废弃料的 X 射线粉晶衍射图

提取绿松石废弃料中较纯的褐色杂质，经清洗、烘干，磨匀至 200 目，进行 XRD 测试，结果表明：绿松石废弃料中的褐色杂质主要为褐铁矿和石英（图 4-3）。

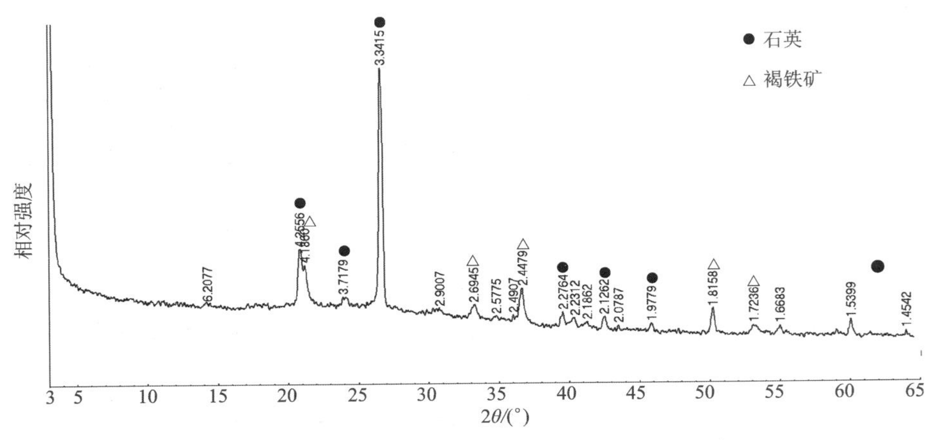

图 4-3　绿松石废弃料中褐色杂质的 X 射线粉晶衍射图

绿松石废弃原料及其杂质的 XRD 测试，表明绿松石废弃料中主要矿物成分为绿松石，并含有少量的褐铁矿、碳质和极少量石英。

第二节　绿松石废弃原料的分选提纯

由于绿松石废弃料多是由非工艺级矿、开采后的细小矿渣和加工后的余渣粉料组成，上面带有由碳质、石英质及铁质矿物组成的围岩和杂质，因此，提纯分选出纯净的绿松石是将废弃料进行再生利用实验的首要条件。根据绿松石废弃料的组成特征及所含杂质相对密度（褐铁矿相对密度：4～4.3；绿松石相对密度：2.3～2.7；石墨相对密度：2.0～2.2）特点，通过多次实验确定了选用重选和浮选联合选别工艺对绿松石废弃料进行分选提纯。

一、实验材料及设备

实验原料：六偏磷酸钠，分析纯，天津市东丽区泰兰德化学试剂厂；盐酸（含量 36%～38%），密度约 1.18g/mL，天津市福晨化学试剂厂；硫代硫酸钠，分析纯，武汉宏大化学试剂厂；pH 试纸，上海三爱思试剂有限公司；草酸，分析纯，天津市东丽区泰兰德化学试剂厂。

实验设备：85-2 数显恒温磁力搅拌器和 JJ-1 大功率电动搅拌器。

二、提纯工艺

将绿松石废弃料水洗干净、晾干后，首先将较纯净的绿松石颗粒选出（图 4-4A）待用。由于绿松石废弃料中的褐铁矿大都经风化作用，结构疏松，硬度较小，在研磨过程中褐铁矿和碳质极易粉碎，而绿松石颗粒硬度大，不易磨碎，利用其硬度差异将剩下的杂质集中的绿松石废弃料研磨至 20 目过筛，此时大部分褐铁矿及碳质粉末被去除（图 4-4B、C）；然后将过筛后余下的粉料继续研磨至 60 目过筛，过筛的粉末为少量的绿松石和大部分褐铁矿混合粉体，剩余的粉料主要为绿松石和少量的褐铁矿。

A

B

C

图 4-4　绿松石废弃料分选图（B 为分选前，C 为分选后）

将上述剩余的粉料继续研磨至 200 目过筛，按粉料∶水＝1∶20 的比例混合均匀置入烧杯，并在调配溶液混合过程中加入约 3‰的分散剂六偏磷酸钠，使绿松石废弃料粉末均匀分散在水中。将调配好的混合液体在大功率电动搅拌器下搅拌一定时间后取出（图 4-5A ）。实验发现，经充分搅拌后，粉体混合液面上浮有大量的黑色碳质杂质（图 4-5B），将上层的碳质溶液除去,得到去除碳质的混合液体,再将剩余的混合液体烘干待用。实验过程中,若粉料的混合液体搅拌时间过短,搅拌器转速太小,碳质则无法清除,本实验选用的搅拌时间一般约为 30min,转速约为 200r/min。为了更充分地清除碳质,上述实验过程可重复操作 2～3 次。

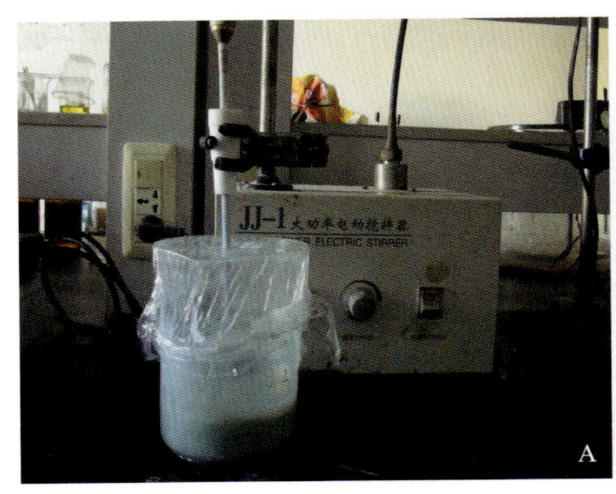

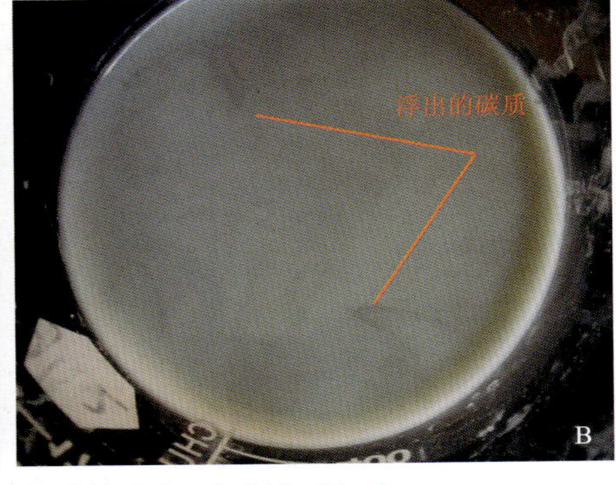

图 4-5　绿松石废弃料混合液体搅拌除杂,碳质浮至液面

将已去除碳质的绿松石废弃料粉体加入到一定质量分数的 HCl 溶液中,并在磁力搅拌器下搅匀使之充分反应,搅拌约 3～4h 后取出静置 1～2d,溶液由灰白色变为深黄绿色(图 4-6A)。再将静置后溶液中反应掉的黄绿色铁质溶液除去,并将剩余粉料清洗干净重新加入 HCl 溶液,依照上述"搅匀—充分反应—静置"处理过程重复进行 3～4 次,直到反应后的溶液变为无色或淡黄色(图 4-6B),目的是彻底清除粉料混合液中的游离 Fe^{2+} 和 Fe^{3+}。

图 4-6　绿松石废弃料与 HCl 反应后的混合溶液

将已去除游离 Fe^{2+} 和 Fe^{3+} 的废弃料粉体清洗烘干后,加入一定量的 HCl 溶液,调节 pH 值为 1～2,加入 5%～6%的硫代硫酸钠($Na_2S_2O_3$)。在添加硫代硫酸钠过程中,分 2～3 次缓慢加入并用玻璃棒不断搅拌,使之混合均匀充分反应。添加硫代硫酸钠的目的是使 Fe^{3+} 还原成溶解度较高的 Fe^{2+}[104],见反应式(4-1),从而使未与 HCl 反应的 Fe^{3+} 充分反应掉。

$$S^{2+} + Fe^{3+} \longrightarrow S^{4+} + Fe^{2+} \tag{4-1}$$

整个反应时间控制在 30～40min,然后再在混合液中缓慢加入 2%～3%的草酸,并用玻璃棒不断搅拌。适量添加草酸可以还原部分 Fe^{3+},削弱 Fe^{2+} 在操作过程中的氧化作用,草

酸还与 Fe^{2+} 反应生成草酸铁阴离子络合物，从而有效地阻止了空气将 Fe^{2+} 再次氧化为 Fe^{3+}，上述反应过程可重复操作 2～3 次，直到溶液经搅拌后不再出现黄绿色（图 4-7A），转变为无色溶液（图 4-7B）。

图 4-7　加入硫代硫酸钠后废弃料溶液反应后的变化

上述反应后的废弃料溶液经不断清洗，去除 HCl 和未反应掉的草酸等试剂后，经过烘干即为可供实验用的绿松石废弃料粉料（图 4-8）。

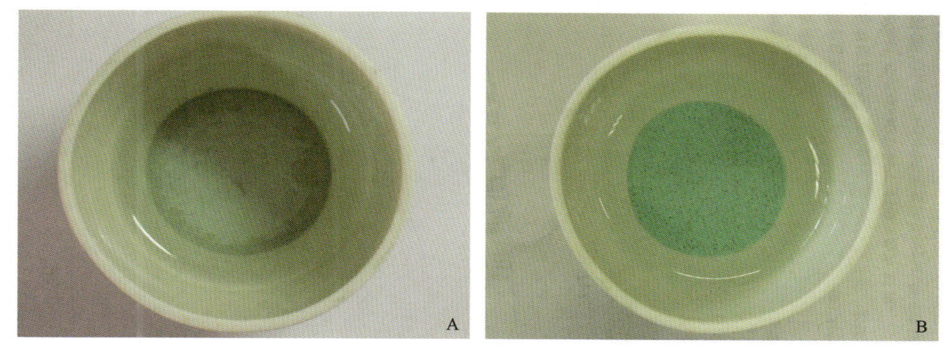

图 4-8　分选提纯前后绿松石废弃料对比图（A 为处理前，B 为处理后）

第三节　绿松石废弃原料再生利用实验

一、样品预处理

将分选提纯后的绿松石废弃料粉末在恒温干燥箱中于 105℃烘若干小时，密封备用。具体流程见图 4-9。

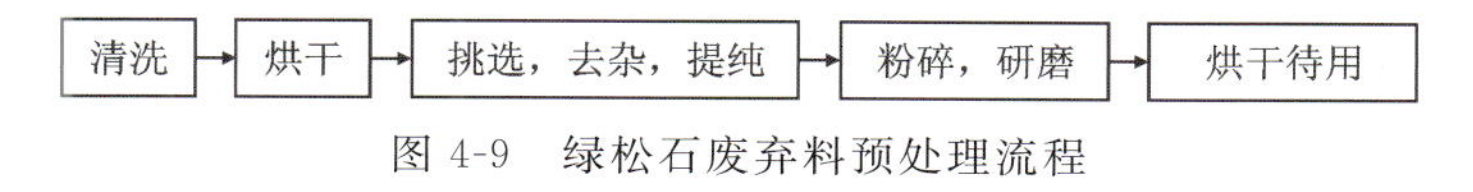

图 4-9　绿松石废弃料预处理流程

二、实验过程

实验基本过程为将经过预处理的绿松石废弃原料经粉碎至一定粒度后，和调节好浓度的胶黏剂按照一定比例与绿松石粉末搅拌混匀制成粉料，放入单向压制磨具(图 4-10)中并置于嵌压机下加压一定时间后，取出在室温下自硬化一定时间，再将其放入恒温干燥箱中按照一定的升温曲线加热固化，最后进行加工，抛磨成成品(图 4-11)。可达到提高绿松石废弃料的单体尺寸、改善绿松石品质，并使这类不可再生的绿松石资源得以合理的再生利用的目的。

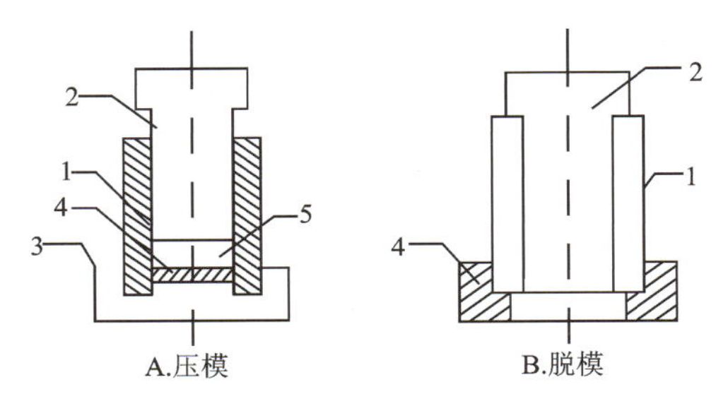

1. 阴模；2. 上冲模；3. 下冲模；4. 脱模底座；5. 绿松石粉末；6. 垫片。

图 4-10　单向压制模具组装图

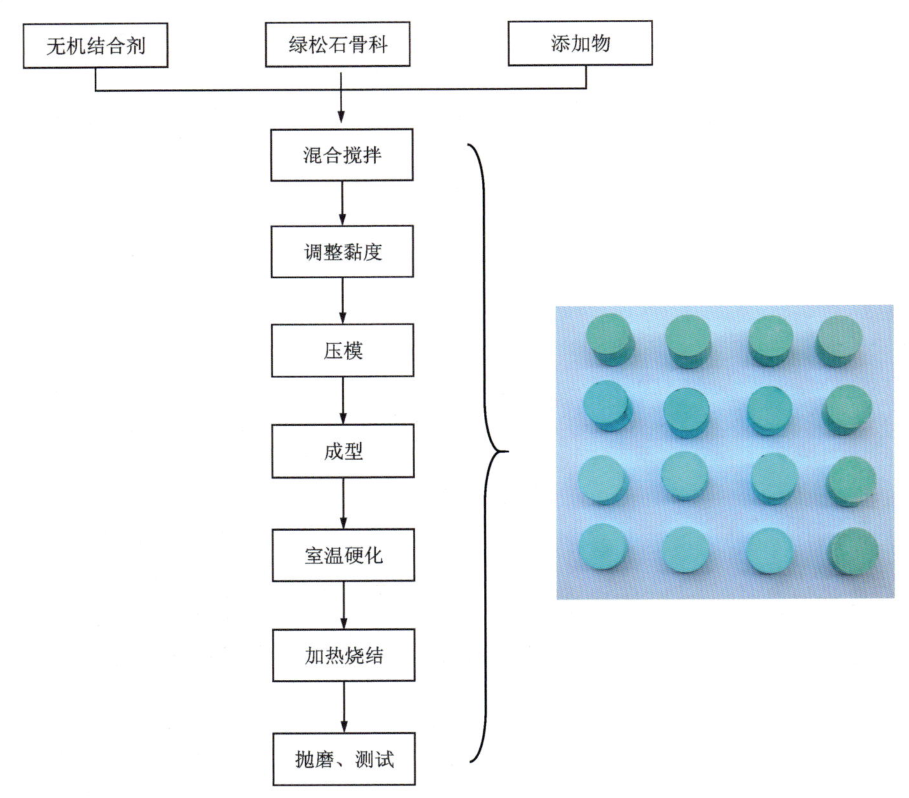

图 4-11　绿松石废弃料再生利用流程图

第四节　实验工艺影响因素

要获得比较好的绿松石废弃料压制坯体，必须严格控制对实验影响较大的工艺条件。实验发现胶黏剂的性质和添加比例、粉体的粒度、加压压力大小、加压时间、保温温度、保温时间和升温速率对绿松石废弃料的改性均有不同程度的影响。通过研究不同影响因素或条件下的改善效果，选择了效果最佳的工艺条件。

一、结合剂溶液的性质

对绿松石废弃料的压制处理实验主试剂仍选用磷酸二氢铝胶黏剂溶液，实验发现胶黏剂中有效成分的含量、胶黏剂溶液的黏稠度直接影响改善结果。

同充填胶结改善疏松绿松石方法一致，分别配制不同浓度的磷酸二氢铝溶液，使磷酸盐含量分别小于40%、约50%和大于60%，使用这三种胶黏剂溶液对同一批绿松石废弃粉料进行处理。在处理过程中，保证添加胶黏剂的含量和绿松石粉料比例一致，并在压制成型的过程中，选择相同的压力和加压时间，结果发现浓度低的胶黏剂溶液黏度低，有效成分少，在相同粉料、胶黏剂配比的情况下，制成的绿松石坯体的粉末无法紧密粘接在一起，改善效果差。这种绿松石压制成品内部粉末结合强度小，整体硬度低，经过一定时间的室温自硬化后，绿松石压制成品内部会出现裂纹和气孔，原因是使用的胶黏剂中水分含量多，在室温条件下，压制成型的坯体表面水分先脱失硬化，而坯体内部所含的大量水分脱失慢，水分不能很好地散逸，在内部形成气孔和裂纹（图4-12A，表4-1）。对于浓度较大的胶黏剂溶液，由于黏稠度高，在胶体与绿松石粉末搅拌混匀过程中，会出现绿松石粉末与胶体不易混匀，致使部分绿松石粉末出现结块现象。经压制后，坯体表面会出现鼓包（图4-12C）、坯体纵面会出现层裂，且内部结构不均匀，普遍显示胶料分布多的部位硬度大，胶体少的部位硬度小，镊尖易刻划。浓度约为50%的胶黏剂改善效果相对较好（图4-12B），在胶体与绿松石粉末混合过程中，易于搅匀，且水分含量适中，成型的坯体很少会出现裂纹和鼓包。

图4-12　结合剂溶液有效成分的含量和黏稠度不同对实验的影响

表 4-1　结合剂有效成分的含量和黏稠度不同对实验结果的影响

有效成分的含量	黏稠度	改善效果
＜40％	不黏稠	粉末粘接不紧密，镊尖能刻划，内部易产生裂纹和气孔，效果不好
约 50％	黏稠	粉末粘接较好，镊尖不能刻划，改善效果好
＞60％	很黏稠	粉末粘接不均匀，结构不均匀，表面易出现鼓包

二、结合剂溶液的添加比例

要使绿松石废弃料改善效果好，适当的胶黏剂添加比例是整个实验的关键。胶黏剂添加量过少，起不到胶结黏附的作用，绿松石粉末结合强度低，成型后的坯体硬度差，成品无法抛光；胶黏剂过多，在压制过程中，坯体表面受到的应力增大，会出现鼓包，导致内部结构疏松，气孔增多。且由于胶黏剂含量的增加，坯体内部的水分也相应增多，降低了内部水分的散逸，使坯体成型后凝结硬化缓慢，易形成裂纹，影响改善效果。实验发现，当胶黏剂添加含量＜21％时，压制出的绿松石坯体硬度过小，经过自硬化和保温阶段后，样品无法抛亮；胶黏剂含量在 21％～25％时，改善成型的制品可以获得较好的宝石学性质和参数；含量高于 25％，胶黏剂和绿松石粉料调制的浆料过稀，在压制的过程中，部分浆料会沿磨具边缘向下渗漏（图 4-13），大大降低了绿松石废弃料的利用率，且随着粘接剂量的增加，固化反应速度加快[105-106]，易使压制出来的绿松石内部产生鼓胀膨松，内部出现裂纹，从而使处理后的绿松石强度性能下降，无法作为宝石饰品。

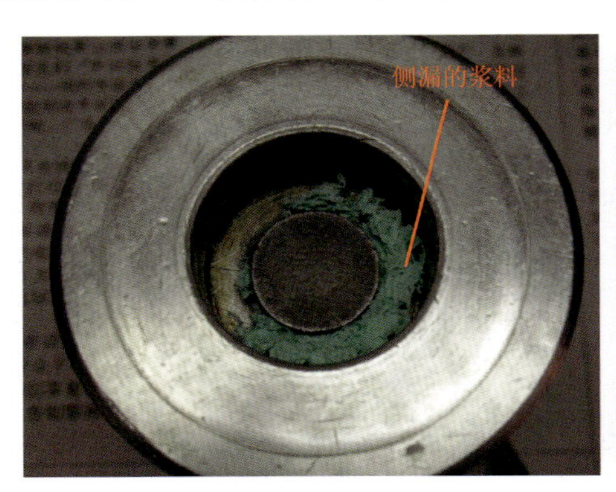

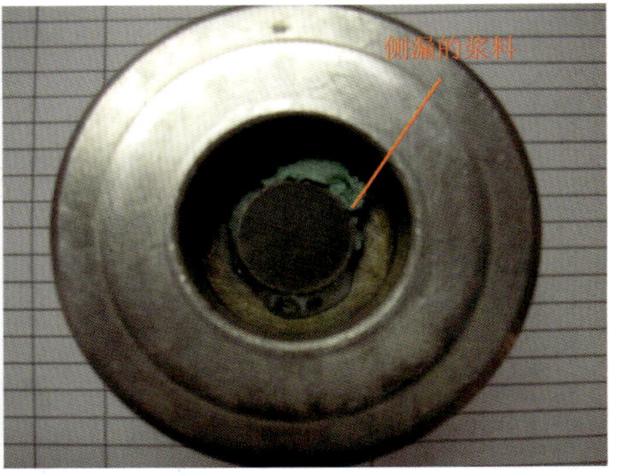

图 4-13　压制过程中渗漏的绿松石浆料

三、压力和加压时间对实验的影响

在相同的胶黏剂添加比例下，加压压力的大小和加压时间也是影响实验效果的重要因素。实验采用的是 XQ-5 嵌样机，筒内直径为 13mm 的不锈钢单向压制磨具。实验过程中，加压压力过低、时间过短，绿松石浆料无法紧密结合，在压制出的绿松石坯体边缘会出现断层和开裂现象（图 4-14），若压力过高，在加压过程中，对于气密性较差的磨具，浆料也同样会从磨具侧壁侧漏，降低了原料的利用率，且对加压装置和磨具要求苛刻，增加了成本。实验证明，加压压力为 $1.5\times10^4\sim3.0\times10^4$ MPa/m^2 即可取得较好的结合强度，加压时间不得低于 10min，一般选择 10～20min 即可。

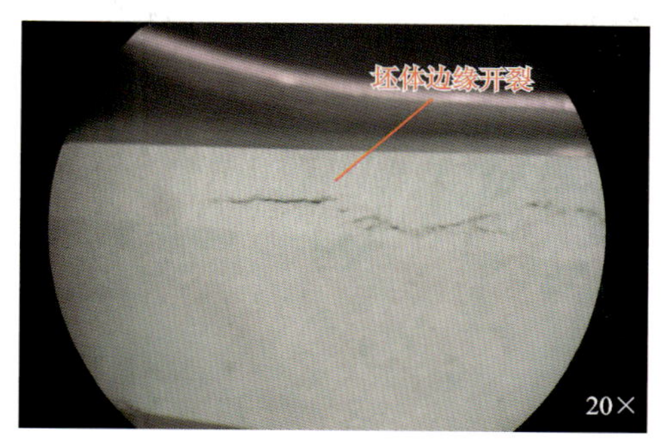

图 4-14　加压压力过小，绿松石坯体边缘出现开裂现象

四、室温自硬化时间对实验的影响

压制好的绿松石坯体应先在室温下自硬化一定时间后，再在恒温炉中加热固化。绿松石浆料经压制成型后，坯体含有大量水分，若直接将其置于恒温炉中加热，由于坯体受热后其中的水分急剧蒸发，内部水蒸气体积膨胀，使坯体鼓胀从而产生大量气孔；另外，从绿松石坯体内部浸透出来的结合剂在其表面浓缩，形成一层封闭性薄膜，阻碍了其后的水蒸气逸散；又由于坯体内部结合剂浓度降低，导致坯体强度下降，制品结构疏松，无法进行加工和应用。因此，绿松石浆料经压制成型后，一定要在室温下自硬化才能进行加热固化，自硬化时间一般为 1～2 天。

五、保温温度、保温时间和升温速率对实验的影响

在室温下自硬化完全后，将压制成型的绿松石坯体置入恒温箱中按照一定升温曲线加热保温。要使压制成型的绿松石坯体充分固化，适当的恒温时间和温度是获得较好的粘接强度和使绿松石坯体获得较高硬度的必要条件。固化时间短，胶黏剂脱水不完全，导致坯体硬度低，在加工抛磨过程中坯体不能抛光，影响改善效果。固化时间与固化温度密切相关，加热过程中应缓慢分段加热，低温阶段加热时间应稍长，使坯体中在室温下未挥发的水分逐渐脱失，高温阶段加热时间适当缩减，节约处理时间。

与浸胶充填处理疏松绿松石固化条件类似，固化温度较低，在有限的时间内，由于固化反应不完全或胶黏剂中水分未全部排出等因素，胶黏剂粘接强度降低。固化温度过高，胶液迅速固化，反应产生大量气泡导致组织疏松，使粘接强度大幅下降。在同一固化温度下，粘接强度随固化时间的延长而增大。当固化反应趋于结束阶段时，随固化时间的延长，粘接强度变化极为缓慢。为保证结合剂完全固化，实验一般选择 150～180℃ 为最终加热固化温度，即可获得较好的粘接强度。150～180℃ 阶段加热时间不能过长，否则压制成型的绿松石坯体表面会出现黄褐色斑点（图 4-15），影响制品美观。

实验采用阶梯升温，分段加热的方式固化。在加热过程中，升温速率不宜过快，若升温

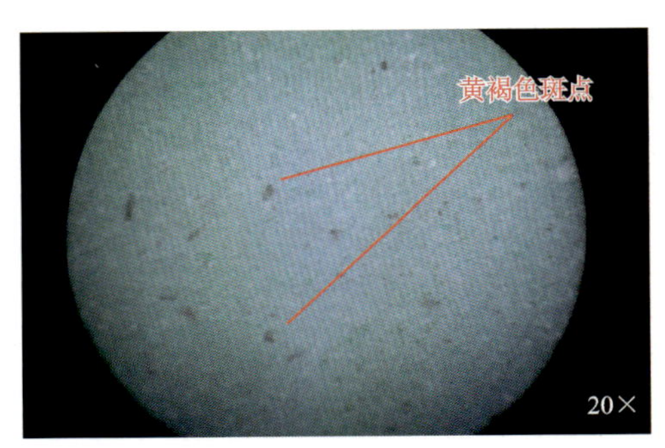

图 4-15 高温加热过长绿松石表面产生黄褐色的斑点

速率过高，绿松石坯体在加热过程中会出现开裂现象，主要是由于胶黏剂在快速的升温过程中，急剧脱水，使坯体产生鼓包和裂隙；升温速率过慢，需要较长的加热固化时间，改善效率低下。

六、结合剂溶液中的添加物

与浸胶充填处理疏松绿松石工艺中存在的问题一致，由于磷酸二氢铝胶黏剂溶液的强吸湿性，将压制成型的绿松石废弃料坯体置于潮湿的环境中亦会有一定的吸湿性。长时间暴露在潮湿空气中，坯体质量会稍有增加(表 4-2)。由于压制成型的绿松石废弃料含胶量少，故不如浸胶充填处理的绿松石吸湿性强，长时间置于潮湿空气中，其硬度稍有降低，表面不会产生白色的团块或斑点。

表 4-2 60%～70%湿度下，处理后绿松石质量的变化

样品编号	室温	静置 24h		静置 48h		静置 72h		静置 96h	
	质量/g	质量/g	增加率	质量/g	增加率	质量/g	增加率	质量/g	增加率
A-105	1.552	1.568	1.03%	1.570	1.16%	1.570	1.16%	1.570	1.16%
A-107	1.666	1.680	0.84%	1.684	1.08%	1.684	1.08%	1.684	1.08%
A-103	1.568	1.584	1.02%	1.586	1.15%	1.586	1.15%	1.588	1.28%
A-117	1.464	1.478	0.96%	1.480	1.09%	1.480	1.09%	1.480	1.09%

实验仍选用浸胶充填处理疏松绿松石工艺中的添加物 MgO(化学纯)及其相应的调配比例，处理后的绿松石废弃料几乎没有吸湿性，耐久效果好。

七、粉料粒径对实验的影响

综合以上的配比及实验最佳工艺条件，经处理后的绿松石废弃料可获得与天然优质绿松石较接近的宝石学参数，但经压制处理后的部分绿松石制品仍存在颗粒感，影响美观及制品的逼真度，故绿松石粉料粒径的大小对最终的绿松石废弃料改性效果有着直接影响。

笔者分别将绿松石废弃原料研磨至200目、250目、300目和350目进行实验，实验结果表明，原料粒径在200目及以下时，在宝石显微镜下可明显观察到颗粒感(图4-16A)，粒径达到250目时，在显微镜下较难观察到绿松石粉末颗粒(图4-16B)，粒径在300目及以上时，宝石显微镜基本观察不到细小的绿松石粉末颗粒(图4-16C)。

为了保证处理后绿松石达到最佳改善效果，实验时选择粉料粒径不小于250目。

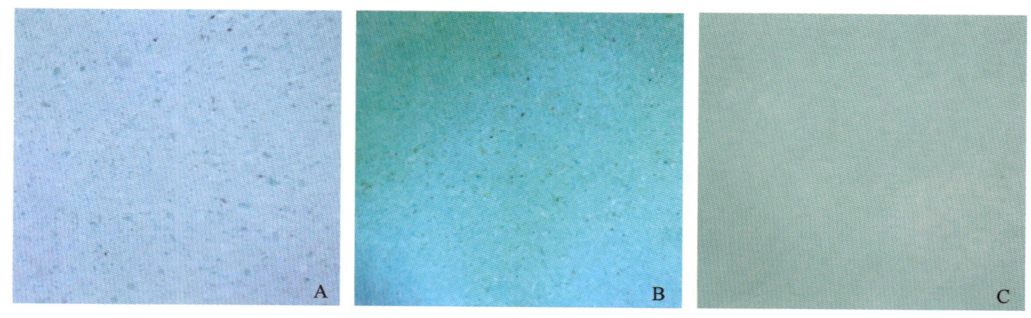

图4-16 不同粉料粒径下处理后绿松石的显微图(20×)

第五节 压制改造后绿松石的宝石学性质

绿松石废弃料经处理后，尺寸明显增加，依据压制过程中选用的压模模具孔径的大小，可调节绿松石废弃料坯体的尺寸。压模试样直径一般在8～25mm之间，也可根据工厂要求设计不同尺寸的专用模具。绿松石废弃料经处理后颜色分布较均匀，主要为浅蓝绿色。根据不同批次废弃料中绿松石颗粒颜色的变化，处理后绿松石坯体的颜色稍有差异，废弃料中蓝色颗粒多者，压制成型的坯体偏蓝，反之偏绿；若废弃料颜色普遍偏浅，处理后的绿松石颜色也较浅。为改善其颜色，可根据需要适当添加染色剂，将粉末调至所需的颜色后，再添加胶黏剂搅拌，最终压制成型。

绿松石废弃料经压制处理后，除单体尺寸得到改善外，其颜色、光泽度、力学性质、加工性等均得到明显改善，可加工成首饰用绿松石珠链和戒面，如图4-17及附录三所示。

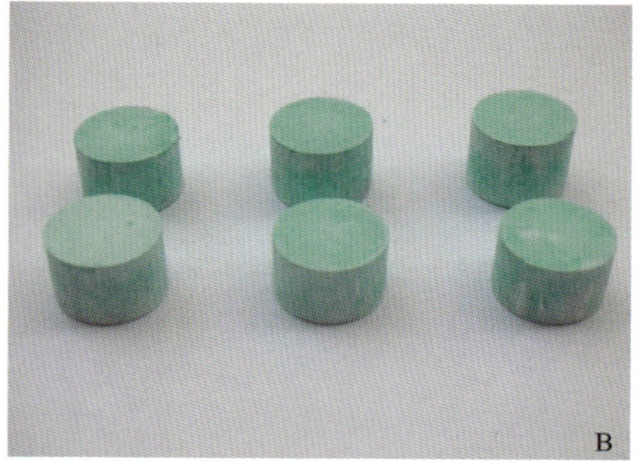

图4-17 绿松石废弃料处理前后对比(A处理前，B处理后)

一、光学性质

1. 颜色

处理后的绿松石颜色单一，多为浅蓝绿色，添加着色剂改色后，根据着色剂添加含量的变化呈现为深浅程度不同的天蓝色(图 4-18A)。

2. 光泽和透明度

处理后的绿松石容易抛光，抛光后光泽强，为蜡状光泽至亚玻璃光泽，如图 4-18B 及附录三所示，手感光滑，不透明。

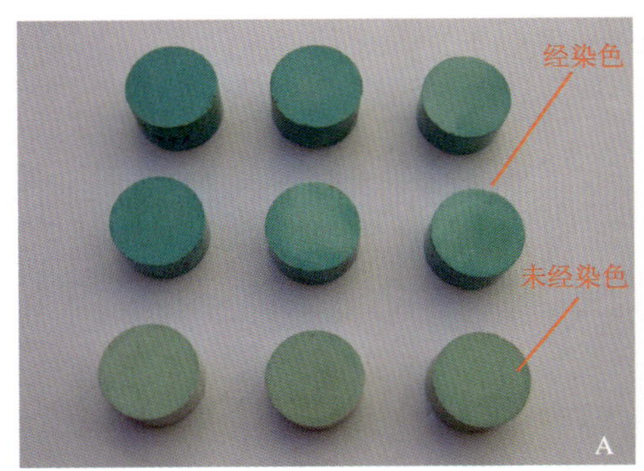

图 4-18　处理后绿松石的颜色和蜡状光泽

3. 折射率

绿松石废弃料经压制处理成块状后折射率变化在 1.60～1.61 之间(点测)(表 4-3)，在天然绿松石的范围之内。

表 4-3　处理绿松石的折射率(点测)

样品号	折射率	样品号	折射率	样品号	折射率
89	1.60	113	1.60	130	1.60
92	1.61	117	1.60	132	1.61
93	1.61	121	1.61	135	1.60
94	1.60	125	1.60	142	1.61
98	1.60	126	1.61	143	1.61
100	1.61	127	1.61	156	1.61
106	1.61	129	1.61	157	1.60

4. 发光性

紫外荧光特征与处理前特征一致，显示惰性。

二、力学性质

1. 解理

处理后样品与天然绿松石一致，为块状集合体。

2. 硬度

绿松石废弃料经处理后结构致密，质地坚硬，抵抗刻划能力明显提高，镊尖一般难刻划或刻划不动。利用显微硬度计测量，处理后绿松石显微硬度在 105～198N/mm² 之间（表 4-4），比天然致密绿松石稍低（显微硬度一般在 130～240N/mm² 之间）。

表 4-4　处理后绿松石的显微硬度（N/mm²）

样品号	显微硬度	样品号	显微硬度	样品号	显微硬度
73	123	100	187	176	190
80	117	112	195	179	182
88	105	113	189	182	186
89	109	122	177	187	174
90	129	123	198	191	152
95	138	126	153	194	176
98	142	127	169	196	150

经实验分析对比，在保证胶黏剂添加量比例合适的条件下，最终的加热固化温度越高，硬度越大（图 4-19A）；在相同压力、加压时间和相同的加热条件下，添加的胶黏剂含量越多，硬度越大（图 4-19B）；在满足加压的基本时间（不小于 10min）、相同加胶量、压力和加热条件下，加压时间对硬度影响不大。对实验中各条件的相互制约程度及对处理后绿松石性能的分析表明，为了使处理后的绿松石获得最大显微硬度，胶黏剂添加量最佳比例为 23%～25%。

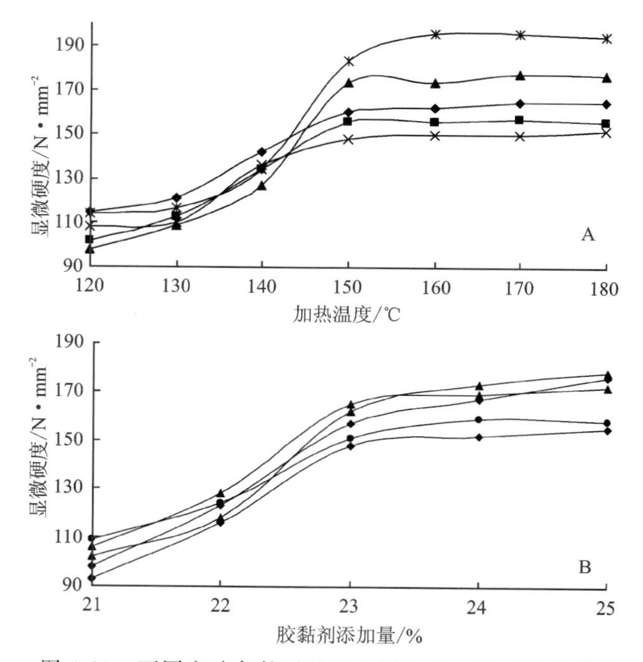

图 4-19　不同实验条件对处理后绿松石显微硬度的影响

3. 相对密度

采用静水称重法测定处理后绿松

石样品的相对密度，结果见表 4-5。处理后绿松石相对密度范围为 2.32～2.54，较天然致密绿松石密度(2.661～2.703)低。

表 4-5　处理后绿松石的相对密度

样品号	相对密度	样品号	相对密度	样品号	相对密度
87	2.33	109	2.36	176	2.53
88	2.38	110	2.45	178	2.54
89	2.41	112	2.50	179	2.40
98	2.53	117	2.32	180	2.39
100	2.47	123	2.48	183	2.49
102	2.51	125	2.41	192	2.51
105	2.42	126	2.37	193	2.50
108	2.32	127	2.42	196	2.52

三、耐久性测试

1. 热稳定性测试

(1)将处理后的绿松石 Y-105 置于盛满水的烧杯中，并将烧杯密封，在恒温炉中保持 60℃持续加热 96h 后，样品光泽及硬度均未发生明显变化。将处理后的样品暴露于太阳光下暴晒 126h，处理绿松石的颜色亦没有发生肉眼可见的变化(图 4-20)，硬度也没有发生改变。

图 4-20　样品 Y-105(A)在太阳光下照射 126h 后(B)的颜色对比

利用 USB4000 测试了处理后样品 Y-105 的颜色特征以及在太阳光下照射 126h 后同一区域的颜色特征，如图 4-21 所示。测试结果表明，样品 Y-105 的颜色主波长为 502.1 nm，饱和度为 1.521，明度为 0.368；照射 126h 后颜色主波长为 502.6 nm，饱和度为 1.474，明度为 0.358，没有发生明显的改变。

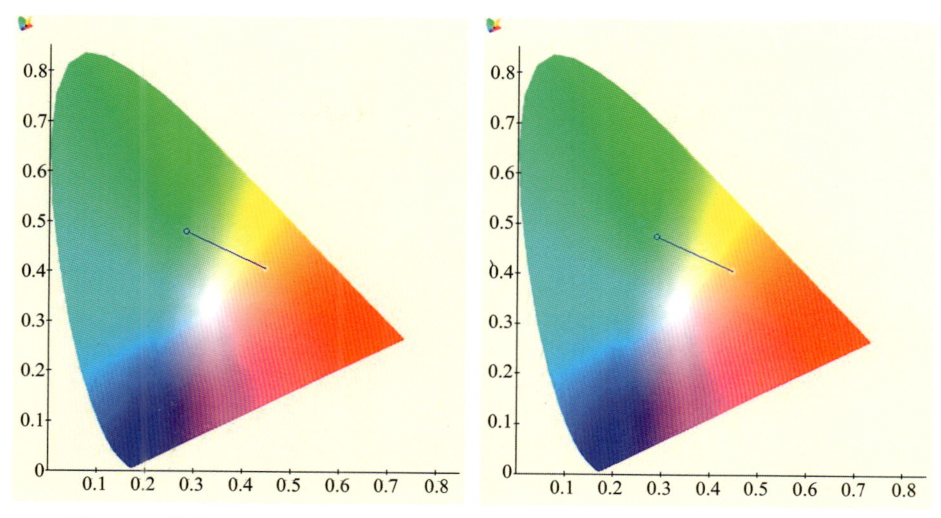

图 4-21　样品 Y-105(A)在太阳光下照射 126h 后及(B)同一区域的色度图比较

2. 耐水性测试

将处理后的绿松石浸泡在 60℃温水中约 96h，处理后的绿松石均未破碎和裂开，将其晾干后样品没有褪色现象，硬度也没有明显降低。

3. 抗污染性测试

将处理后的绿松石样品分别浸泡在沐浴露、洗发水、茶水、黑墨水和食用油中各 12h，结果为：经沐浴露、洗发水、茶水和食用油浸泡，处理后的绿松石不发生破碎或裂开，晾干后颜色不发生改变，用棉签蘸酒精用力擦拭不掉色；经黑墨水浸泡后，其表面被沾染上黑色，经清洗后可清除干净。

综上所述，绿松石废弃料经压制再造处理后抵抗污染能力较强。

4. 耐酸碱性测试

将处理后的绿松石样品分别在 pH 值为 4 的 HCl 溶液和 pH 值为 10 的 NaOH 溶液中浸泡一个月，样品未发生任何改变。

上述分析表明，绿松石废弃料经压制再造处理后，其颜色和结构都具一定的耐久性，尺寸也得到明显改善，其稳定性达到了首饰用要求。

四、小结

绿松石废弃料经过压制再造处理后，单体尺寸得到不同程度的改善，颜色也可根据实际需要通过添加着色剂加深至饱和度很高的天蓝色，光泽加强。硬度提高至镊尖不能刻划，显微硬度大多在 140～198N/mm^2，结构致密，质地坚硬，加工工艺性能良好，切割和抛磨的工艺与天然绿松石一致，可加工成首饰用珠链和戒面。实验的不足为处理后的绿松石相对密度较低，主要是由于添加的无机胶黏剂分子量小；改善后的绿松石颜色比较均匀，没有天然绿松石中的铁线和白脑。

天然绿松石和压制再造处理后绿松石的特征如表 4-6 所示。

表 4-6 天然绿松石和压制再造处理绿松石的特征比较

性质	天然绿松石[14]	压制再造处理绿松石
外观特征	浅至中等蓝色、绿蓝色至绿色，常有斑点、网脉或暗色矿物杂质	或深或浅的蓝绿色，分布均匀，颜色单一，没有铁线和杂质，没有白脑
结构	结构致密，质地细腻，孔隙少，韧性较好	结构致密，孔隙少，在显微镜下有时可观察到颗粒感
光泽	蜡状光泽至玻璃光泽	蜡状光泽至玻璃光泽
硬度	摩氏硬度 5～6	显微硬度 105～198N/mm^2，镊尖不易刻划
相对密度	2.76(＋0.14，－0.36)	2.32～2.54
折射率	1.610～1.650，点测法通常为 1.61	1.60～1.61(点测)
紫外荧光	长波：无至弱，绿黄色；短波：无	无

第六节 本章小结

本章选用充填处理绿松石实验中相同配比的磷酸铝胶黏剂溶液对小颗粒绿松石废弃料进行压制再造处理。实验基本过程为将经过分选提纯后的绿松石废弃原料粉碎至一定粒度后，将胶黏剂溶液按照一定比例与绿松石粉末搅拌混匀制成粉料，放入单向压制磨具中并置于嵌压机下加压一定时间后，取出在室温下自硬化一定时间，再将其放入恒温干燥箱中按照一定的升温曲线加热固化，最后加工、抛磨成成品。主要取得以下结论。

(1)确定了绿松石废弃料的分选提纯方案。利用重选和浮选联合选别工艺去除绿松石中的碳质杂质，并选用一定浓度的 HCl、硫代硫酸钠和草酸与绿松石综合反应，最大限度上提选出绿松石废弃料中的杂质 Fe^{3+}。

(2)绿松石废弃料压制再造实验中，胶黏剂的添加比例、绿松石的粉体粒度、加压压力大小、加压时间、保温温度和保温时间对绿松石废弃料的处理效果均有不同程度的影响，通过研究不同影响因素和条件下的改善效果，确定了效果最佳的工艺条件：磷酸铝胶黏剂的添加比例为 23%～25%，绿松石粉体粒度不小于 250 目，加压压力在 1.5×10^4～3.0×10^4 MPa/m^2 之间，加压时间不得低于 10min，压制好的坯体室温自硬化 1～2 天后按照一定恒温曲线进行加热固化。只有严格控制上述工艺条件，处理后效果才能最佳。

(3)小颗粒绿松石废弃料经压制再造后的宝石学特征如下。①颜色：颜色均匀、色调单一，与处理前绿松石粉末色调一致；②光泽：抛光后可见蜡状光泽—亚玻璃光泽；③折射率：1.60～1.61(点测法)；④硬度：镊尖刻划不动，显微硬度 105～198N/mm^2；⑤相同密度：2.32～2.54；⑥显微结构：结构均匀，部分样品镜下可观察到微粒状结构；⑦荧光：紫外荧光特征和处理前一致，为惰性；⑧工艺性能：良好，切割和抛磨工艺与天然优质松石一致，可加工成首饰用珠链和戒面。

第五章 绿松石再生利用的机理研究

第一节 无机胶黏剂充填处理绿松石的机理探讨

一、处理前后绿松石孔隙度的变化

采用Quanta200环境扫描电子显微镜重点对以下处理和未处理的绿松石孔隙度的变化进行了研究,主要测试对象如下。

(1)处理前对应的天然疏松绿松石。

(2)经过一次浸胶处理后改善效果比较好的绿松石(D-37和D-42,图5-1和图5-2)。

(3)第一次处理效果不好的绿松石F-5和经过了第二次处理的绿松石F-18(图5-3)。

(4)天然优质绿松石和有机注胶处理绿松石(图5-4和图5-5)。

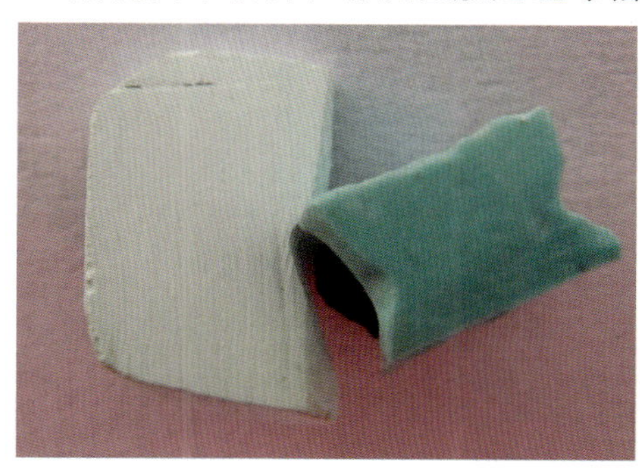

图5-1 D-37处理前后的照片

图5-2 D-42处理前后的照片

图5-3 处理前后的照片(左为处理前,右为处理后)

图 5-4　天然优质绿松石

图 5-5　有机注胶处理绿松石

对仅经过一次处理后改善效果比较理想的 D-37 和 D-42 两个样品的处理前后的孔隙度进行了仔细的观察，结果如图 5-6、图 5-7 和图 5-8 所示，分析如下。

(1)处理前，疏松绿松石微晶呈纤维状、柱状或长板状(图 5-6 和图 5-8A)，微晶棱线平直和棱角尖锐，且微晶边界清晰，微晶与微晶之间连接不紧密，微孔隙度大，结构疏松。这些孔隙被空气所充填，造成光的散射；散射光再合并使宝石呈现白色、云雾状或乳白色的外表。即使绿松石材料本身有颜色，由于光的散射作用亦会使其颜色变浅变淡。

(2)处理后，疏松绿松石近表面的微孔隙几乎被完全充填，呈不规则凝胶状，如图 5-7A、B 和图 5-8B、C、D 所示。将处理后的绿松石放大至 20 000 倍时，亦未见有明显的微孔隙，说明处理后的绿松石结构致密，其硬度也得到提高。由于疏松绿松石近表面孔隙被完全充填，减少了光的散射，从而使其颜色加深。图中仅可见少量裸露出来的绿松石微晶颗粒，且其棱线和棱角均比处理前要平滑，微晶边界也比较模糊，推断可能是在充填处理过程中有少量绿松石微晶被胶黏剂溶解所致。

(3)处理后绿松石内部的 SEM 图(图 5-7C、D)显示，经处理后大部分绿松石微晶孔隙被充填，孔隙度尺寸明显减小，微晶颗粒与颗粒之间的排列较处理前亦更紧密，但充填处理程度不如近表面完全，只有部分微孔隙被填充。绿松石内部存在未被填充的微孔隙，使处理后绿松石的内部结构、颜色和硬度改善效果不如近表面的效果好。根据处理后绿松石微晶形貌特征，发现绿松石微晶颗粒的形态发生不同程度的变化，其轮廓均变得较模糊。

(4)SEM 测试结果表明：经浸胶充填处理后的绿松石，从表面至中心，绿松石的微孔隙越来越大，表明磷酸铝胶黏剂溶液并没有完全浸润到绿松石的内部，处理效果仅限于一定的表层深度。

(5)对于充填处理后的绿松石，由表面至中心，微晶颗粒越来越明显，笔者认为是在疏松绿松石浸泡过程中，酸性的磷酸二氢铝胶黏剂溶液在渗透过程中可能会缓慢溶解绿松石微晶边棱。由于待处理的疏松绿松石表层被充分浸润，而且浸润时间相对较长，因此近表层绿松石微晶颗粒被溶解得比较平滑。由于绿松石内部浸润不完全，浸润时间相对较短，故微晶颗粒边棱表现得比较尖锐。随着溶液中水分的蒸发、磷酸铝胶黏剂的固化，被溶解的绿松石又会从溶液中重新析晶充填孔隙。

A.处理前放大5000×　　B.处理前放大20 000×

图 5-6　D-37 处理前的 SEM 图

A.处理后近表面放大10 000×　　B.处理后近表面放大20　000×

C.处理后内部放大5000×　　D.处理后内部放大5000×

图 5-7　D-37 处理后的 SEM 图

A.处理前放大5000×　B.处理后近表面放大5000×

C.处理后近表面放大10 000×　D.处理后近表面放大20 000×

图 5-8　D-42 处理前后的孔隙度变化

F-5 为疏松绿松石经一次充填处理效果不佳的样品，F-18 为经两次处理后改善效果明显加强的绿松石样品，其显微结构图如图 5-9—图 5-11 所示。分析如下。

(1)疏松绿松石 F-5 经一次充填处理后，其微孔隙度变化特征与 D-37 和 D-42 整体是一致的，由近表层至中心，微孔隙度越来越大，微晶颗粒轮廓也越明显，绿松石外观表现为由外至内颜色越来越浅，结构越来越疏松，硬度亦越来越低。从图 5-10A、B 可知，样品 F-5 经一次充填后，其近表层没有完全被填充，仍存在孔隙，因此需要进行第二次充填处理，近表层微孔隙的存在亦为第二次充填处理提供了胶黏剂溶液渗透的路径。

(2)经两次充填处理后，样品 F-18 的微孔隙尺寸较第一次处理后孔隙尺寸整体降低(图 5-11)，特别是绿松石近表面已完全被填充，呈不规则凝胶状，未见明显的孔隙，与 D-37 和 D-42 经处理后的近表面特征一致。因此，样品 F-18 经两次填充后，即使再进行更多次的充填处理，改善效果也不会有明显提高。

天然优质绿松石的显微结构图(图 5-12)显示，优质绿松石结构内部少见纤维状、柱状或长板状的微晶颗粒和较明显的微孔隙，少数部位呈现细小的鳞片状。经注胶处理后的绿松石，内部则呈现不规则的凝胶状结构，可观察到边棱平滑的微晶颗粒，与天然绿松石的显微结构特征存在着一定差异。对于有机注胶处理的绿松石(图 5-13),在处理后的绿松石近表面观察到大量的有机胶黏剂呈不规则凝胶状分布在绿松石微孔隙中,绿松石微晶颗粒间排列紧密,微晶晶形难辨,轮廓模糊,微孔隙尺寸得到明显降低,结构致密。

A.处理前放大5000×

B.处理前放大10 000×

图 5-9　F-5 处理前的 SEM 图

A.处理后绿松石近表面放大5000×

B.处理后绿松石近表面放大10 000×

C.处理后绿松石内部放大5000×(1)

D.处理后绿松石内部放大10 000×(1)

E.处理后绿松石内部放大5000×(2)　　F.处理后绿松石内部放大10 000×(2)

图 5-10　F-5 的 SEM 图

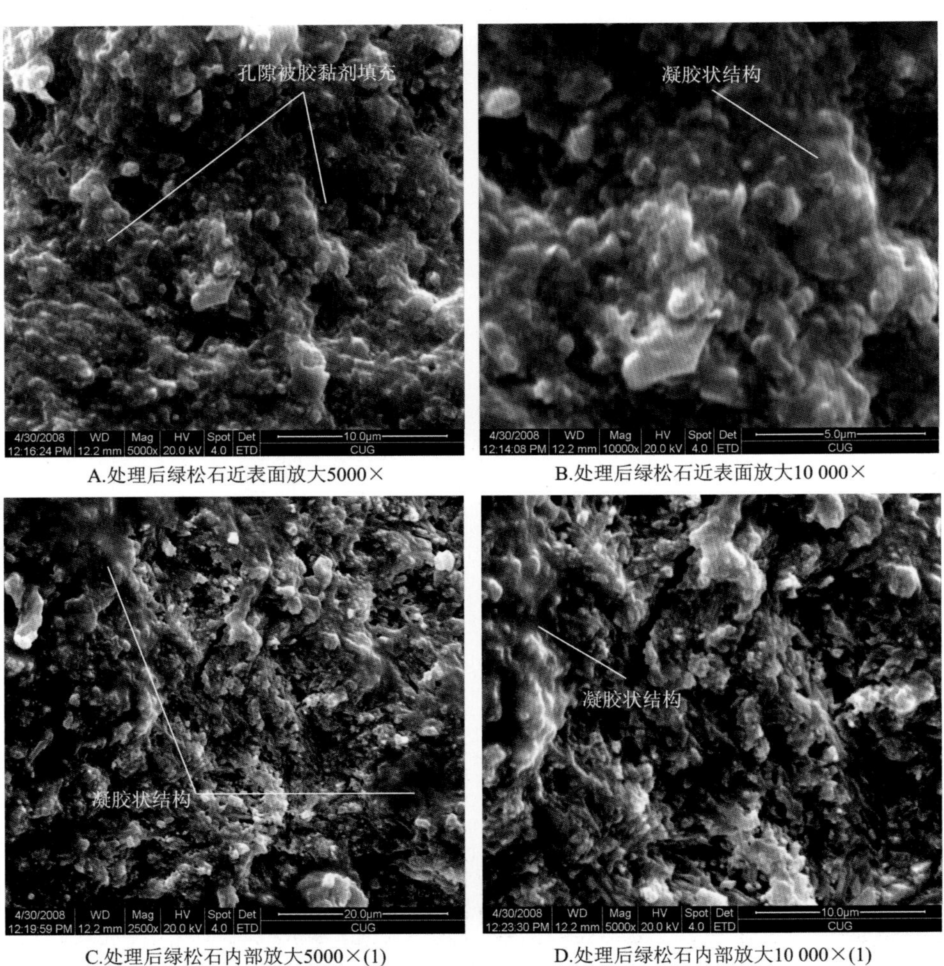

A.处理后绿松石近表面放大5000×　　B.处理后绿松石近表面放大10 000×

C.处理后绿松石内部放大5000×(1)　　D.处理后绿松石内部放大10 000×(1)

E.处理后绿松石内部放大5000×(2)

F.处理后绿松石内部放大10 000×(2)

图 5-11　F-18 的 SEM 图

A.天然优质绿松石内部放大5000×

B.天然优质绿松石内部放大10 000×

图 5-12　天然优质绿松石的 SEM 图

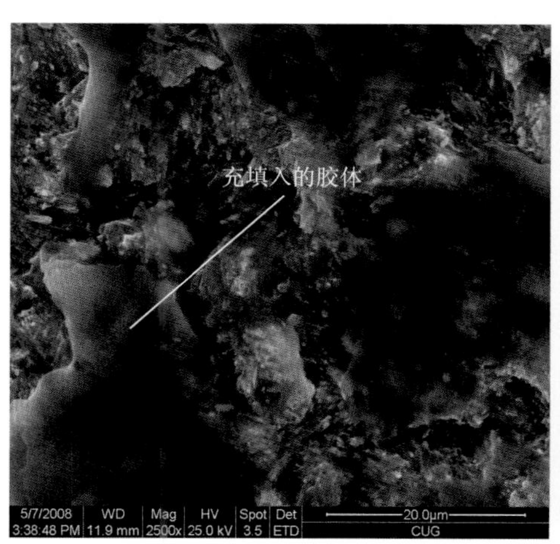

图 5-13　经有机胶黏剂处理绿松石的 SEM 图

二、处理前后绿松石化学成分的变化

将同一块绿松石原料分割成两块，其中一块进行浸胶充填处理，利用JCXA-733型电子探针将未经处理的绿松石样品及处理后的绿松石中深色和浅色部位分别进行化学成分分析，结果见表5-1。处理后的绿松石除P_2O_5、MgO含量略偏高外，其他的化学组分均未发生较大变化。处理后绿松石中浅色部位的P_2O_5含量为38.45%，较处理前绿松石中P_2O_5(P_2O_5含量为37.34%)增加1.11个百分点，深色部位绿松石的P_2O_5含量为39.62%，较处理前含量增加2.28个百分点；MgO含量则分别增加0.08个百分点和0.12个百分点，说明疏松绿松石经处理后颜色改善较大的部位胶黏剂含量高，颜色改变不大的部位胶黏剂含量少，即磷酸盐胶黏剂充填充分，绿松石经改善后的颜色深，反之，颜色浅。

表5-1　绿松石的化学成分(%)

氧化物	处理前	处理后(深色)	处理后(浅色)	天然致密绿松石	理论值
SiO_2	0.06	0.04	0.02	0.01	/
FeO	5.46	4.63	4.59	1.34	/
Al_2O_3	35.29	31.89	30.13	40.01	36.84
P_2O_5	37.34	39.62	38.45	37.57	34.12
CuO	7.43	6.82	7.16	2.07	9.57
MgO	0.01	0.13	0.09	0.00	/
CaO	0.04	0.02	0.03	0.01	/
ZnO	0.23	0.15	0.12	1.29	/
合计	85.86	83.30	80.59	82.30	80.53

天然绿松石的颜色主要由Cu^{2+}、Fe^{3+}决定，Cu^{2+}对绿松石的基色——天蓝色起有益作用，而Fe^{3+}则起相反作用。随着CuO/Fe_2O_3的比值由大到小，绿松石颜色从天蓝色转变为绿色[69-70,107-108]。处理后的绿松石样品D-37为蓝色，D-42为绿色。对它们处理前后的样品分别进行EDX分析，结果如图5-14、图5-15和表5-2所示。处理后P_2O_5质量分数较处理前

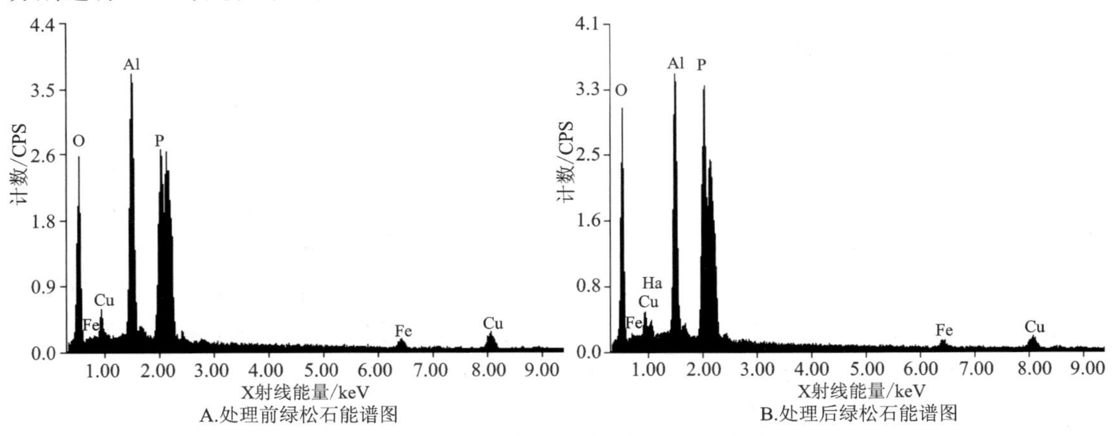

图5-14　D-37处理前后绿松石的能谱图

明显增高，化学组分中除 Cu 和 Fe 元素外没有其他致色元素。D-37 处理前 CuO 含量高，为 12.01%，Fe_2O_3 含量低，为 3.51%，Cu/Fe 比值为 3.42；经处理后样品 D-37 呈现蓝色，Cu/Fe 比值为 3.05，与处理前变化不大。样品 D-42 处理前 CuO 含量低，为 10.74%，Fe_2O_3 含量高，为 13.66%，Cu/Fe 比值为 0.79；处理后 D-42 呈现绿色，Cu/Fe 比值为 0.85，稍有变化。通过以上数据，笔者认为疏松绿松石处理后颜色的色调主要与处理前绿松石中 Cu、Fe 含量有关。Cu/Fe 比值高的绿松石处理后偏蓝色，Cu/Fe 比值低的绿松石处理后偏绿色。

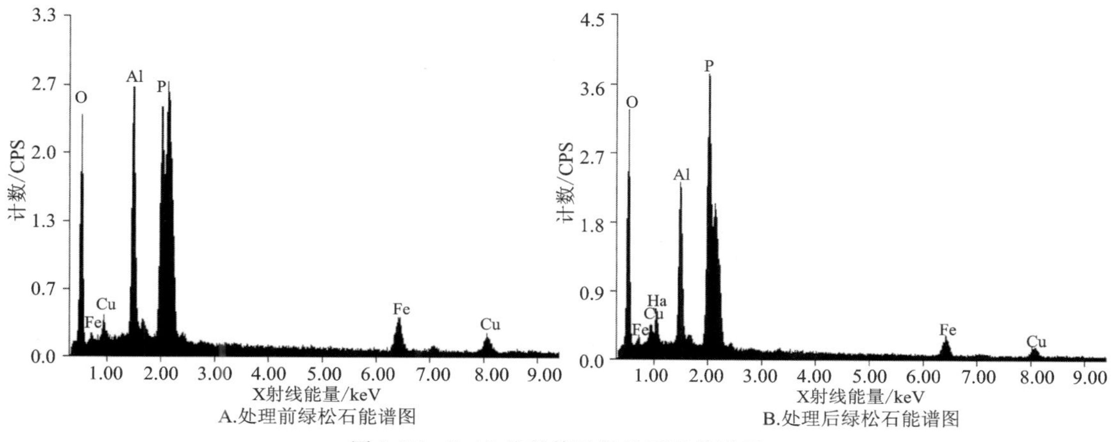

A.处理前绿松石能谱图　B.处理后绿松石能谱图

图 5-15 D-42 处理前后绿松石的能谱图

表 5-2 处理前后绿松石的 EDX 数据

样品号		颜色	Al_2O_3/%	P_2O_5/%	CuO/%	Fe_2O_3/%	Cu/Fe/%
D-37	处理前	蓝白色	41.33	43.15	12.01	03.51	3.42
	处理后	蓝色	35.63	49.90	08.95	02.93	3.05
D-42	处理前	淡绿色	33.36	42.23	10.74	13.66	0.79
	处理后	绿色	24.08	53.59	07.49	08.65	0.85

综上所述，疏松绿松石经浸胶充填处理后，其改善后的颜色与填充磷酸铝胶黏剂的含量及处理前绿松石 Cu 和 Fe 的含量有关。

三、处理前后绿松石结构的变化

采用 Nicolet550 型傅里叶变换红外光谱仪对处理前后的绿松石样品进行了红外吸收光谱测试，测试条件为：KBr 压片法，扫描次数为 32 次，扫描范围为 4000～400cm^{-1}，分辨率为 8。

结果如图 5-16 所示，红外光谱中主要吸收峰位（表 5-3）的微小差异都在仪器的精确度范围之内，经充填处理的绿松石红外频率和强度与天然绿松石矿物的红外频率和强度基本一致。位于 3510～3072cm^{-1} 处谱峰可归属为ν(OH)和ν(H_2O)伸缩振动，1638cm^{-1} 附近谱峰归属为δ(H_2O)弯曲振动，位于 1200～1000cm^{-1} 处谱峰归属为ν_3(PO_4)伸缩振动等。这些谱峰的出现说明经过充填处理后，绿松石的分子结构并没有发生改变，揭示了处理后绿松石成分和结构中没有有机质成分。

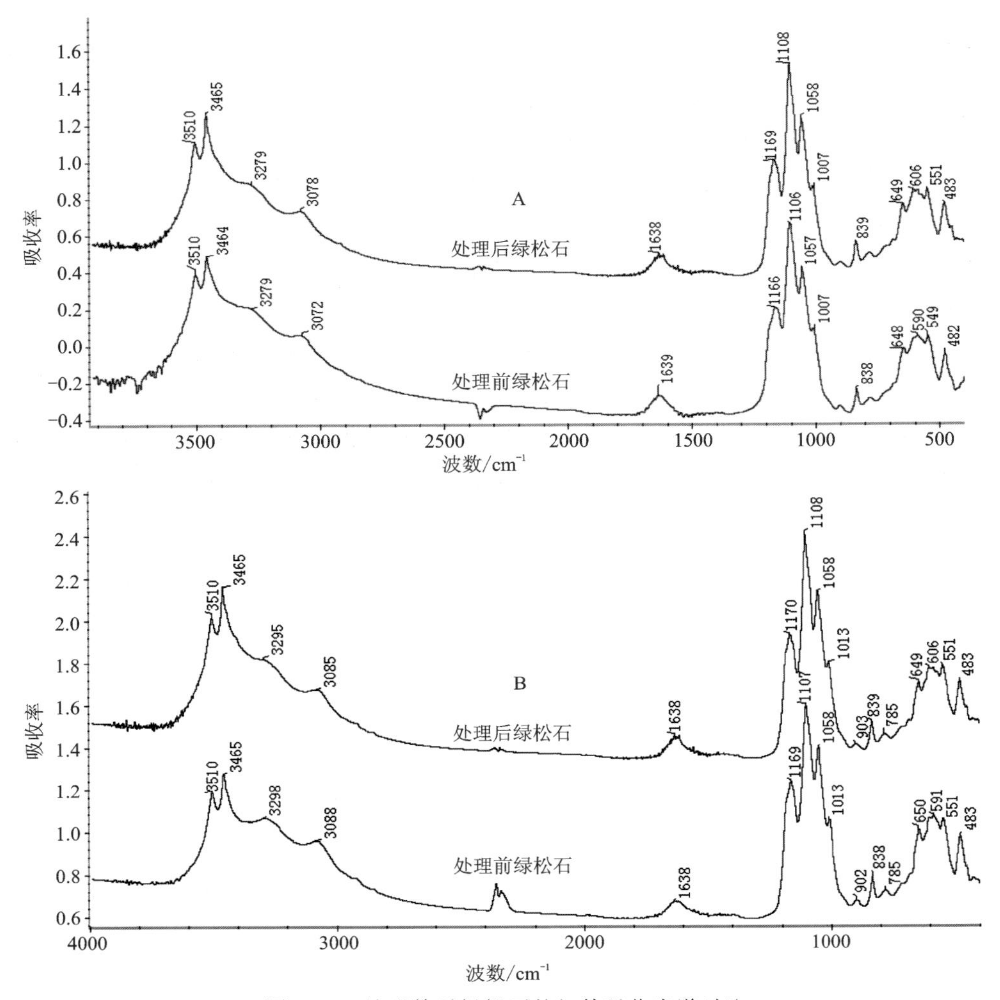

图 5-16 处理前后绿松石的红外吸收光谱对比

表 5-3 处理前后绿松石的红外吸收光谱数据对比

振动类型	A		B		法默 V. C.[78]
	处理前	处理后	处理前	处理后	
ν(OH)和ν(H_2O)伸缩振动	3510,3464 3279,3072	3510,3465 3279,3078	3510,3465 3298,3088	3510,3465 3295,3085	3508,3463 3295,3090
δ(H_2O)弯曲振动	1639	1638	1638	1638	1650
ν_3(PO_4)伸缩振动	1166,1106 1057,1007	1169,1108 1058,1007	1169,1107 1058,1013	1170,1108 1058,1013	1175,1115 1063,1016
δ(OH)弯曲振动	903,838,798	897,839,782	902,838,785	903,839,785	904,838,790
ν_4(PO_4)弯曲振动	648,549,482	649,551,483	650,551,483	649,551,483	645,555,480

四、处理前后绿松石物相的变化

对从同一块天然绿松石原料上切割下来的经过处理和未经处理的绿松石样品分别进行 XRD 物相分析，测得的 X 射线粉晶衍射图谱和数据见图 5-17 和图 5-18。使用仪器为 X’Pert PRODY2198 型 X 射线粉晶衍射仪，测试条件：Cu 靶，Ni 片滤波，扫描范围 $2\theta=3°\sim65°$，采用的电压为 40kV，电流为 40mA，扫描速度为 10°/min。

图 5-17 为充填处理样品内部的绿松石粉末和处理前天然绿松石矿物的 X 射线粉晶衍射图，对比两者衍射图谱发现：处理前后绿松石晶面网射线谱值 d 值和对应的相对强度（I/I_1）整体差异不大。处理前绿松石的主要晶面网射线谱值为 3.687 4（$I/I_1=100$）、2.906 8（$I/I_1=80$）、6.193 3（$I/I_1=68$），经处理后的绿松石主要晶面网射线谱值为 3.682 4（$I/I_1=100$）、2.905 3（$I/I_1=79$）和 6.178 9（$I/I_1=70$），其衍射图谱基线形态与处理前基本一致，且晶面网射线清晰明了，说明经处理后绿松石矿物结构并没有发生改变，结晶程度良好。

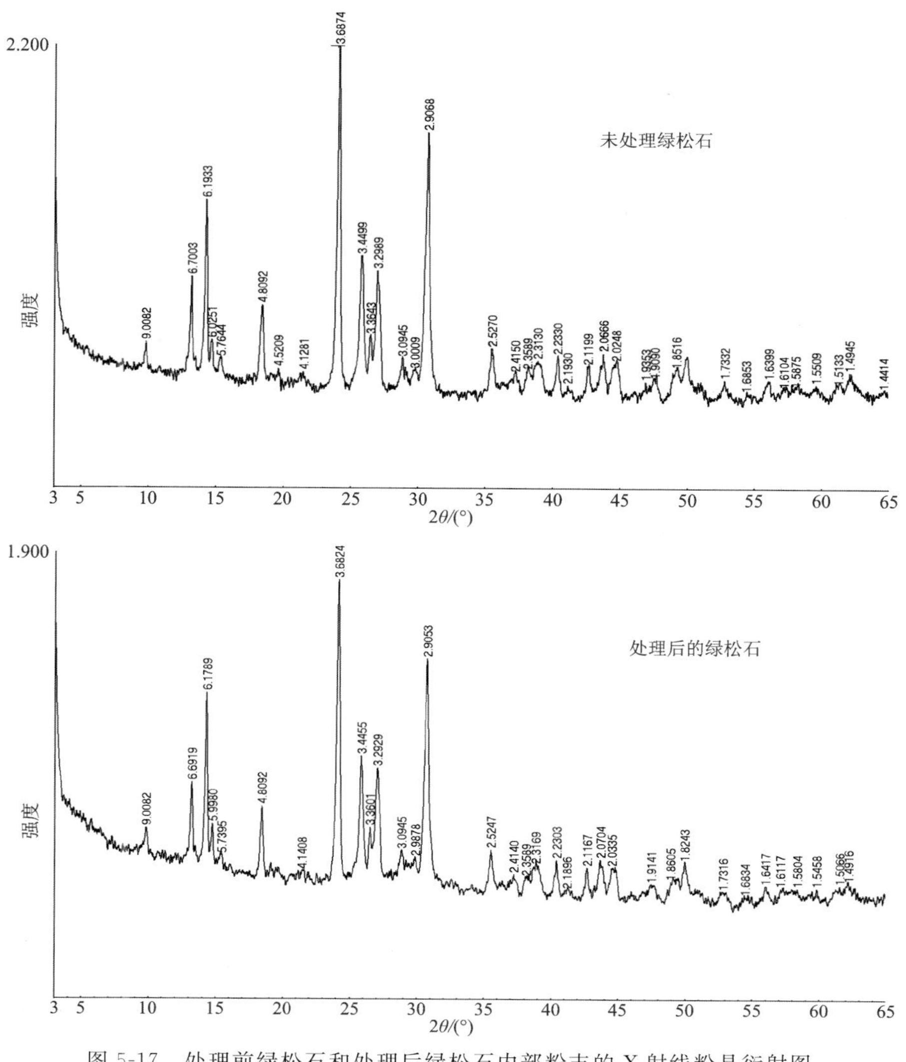

图 5-17　处理前绿松石和处理后绿松石内部粉末的 X 射线粉晶衍射图

图 5-18 为绿松石样品经充填处理后，样品表面的绿松石粉末与处理前对应的天然绿松石矿物的 X 射线粉晶衍射图。经对比发现：处理后的样品经加热固化后，其表面的绿松石粉末衍射峰与天然绿松石的晶面衍射线主要峰形一致，没有出现其他物相的衍射峰，说明绿松石主要矿物成分没有发生改变，亦没有新物相出现。但与处理前绿松石的衍射谱线结果对比，衍射峰强度有明显减弱现象；处理前绿松石衍射谱线在同一水平基线上，处理后绿松石的衍射谱线基线强度变化较大，2θ 介于 20°～35°之间，形成宽缓峰形的基线，表明经处理后绿松石结晶程度下降，内部结构产生了一定程度的非晶质化。

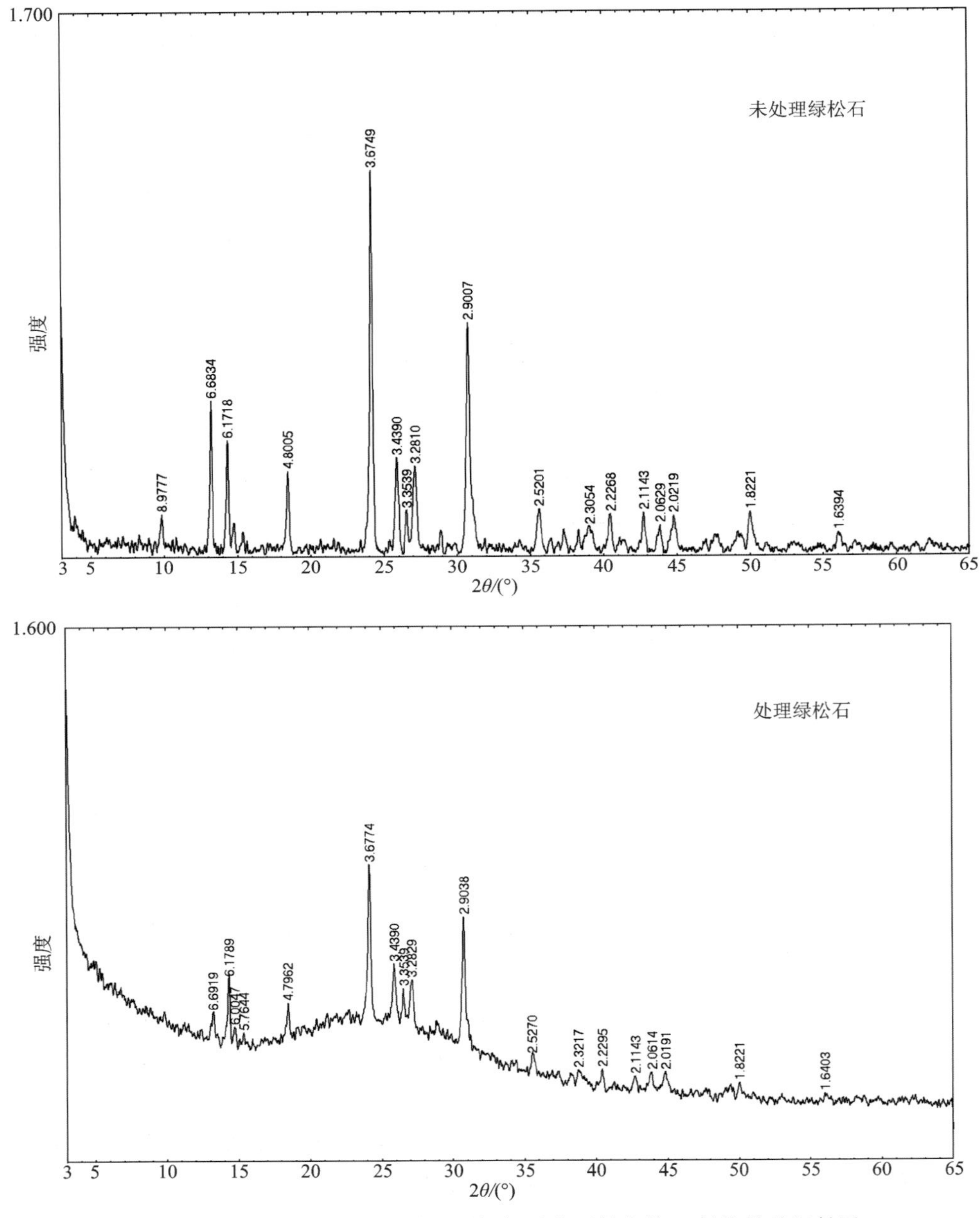

图 5-18　处理前绿松石和处理后绿松石表面粉末的 X 射线粉晶衍射图

将磷酸铝盐胶黏剂经缓慢加热、低温烘干磨成200目粉末后，进行XRD物相分析(图5-19)。测试结果表明，实验采用的胶黏剂主要晶面衍射谱线d值为6.803 2($I/I_1=100$)、4.005 2($I/I_1=87$)、3.084 0($I/I_1=48$)，为磷酸二氢铝的粉晶衍射谱线。磷酸铝胶黏剂晶面衍射谱的基线形态与处理后绿松石的一致，在$20°<2\theta<35°$间均存在宽缓峰形的基线，说明实验选用的胶黏剂经脱水后结构为非晶质态，揭示了处理后绿松石样品结构中非晶质化的产生与磷酸铝盐的填充有关。结合本章第一节中处理前后绿松石显微结构的分析，推断绿松石经处理后，其微晶的溶解及固化析晶作用对处理后样品的非晶质现象有一定程度的影响。加之浸泡处理过程中，绿松石表面被填充的磷酸铝盐含量多，晶体颗粒被溶解得比较平滑，故重新析晶出来的绿松石含量亦多，而样品内部磷酸铝盐含量相对较低，晶体颗粒边棱表现尖锐，可能没有发生重结晶。

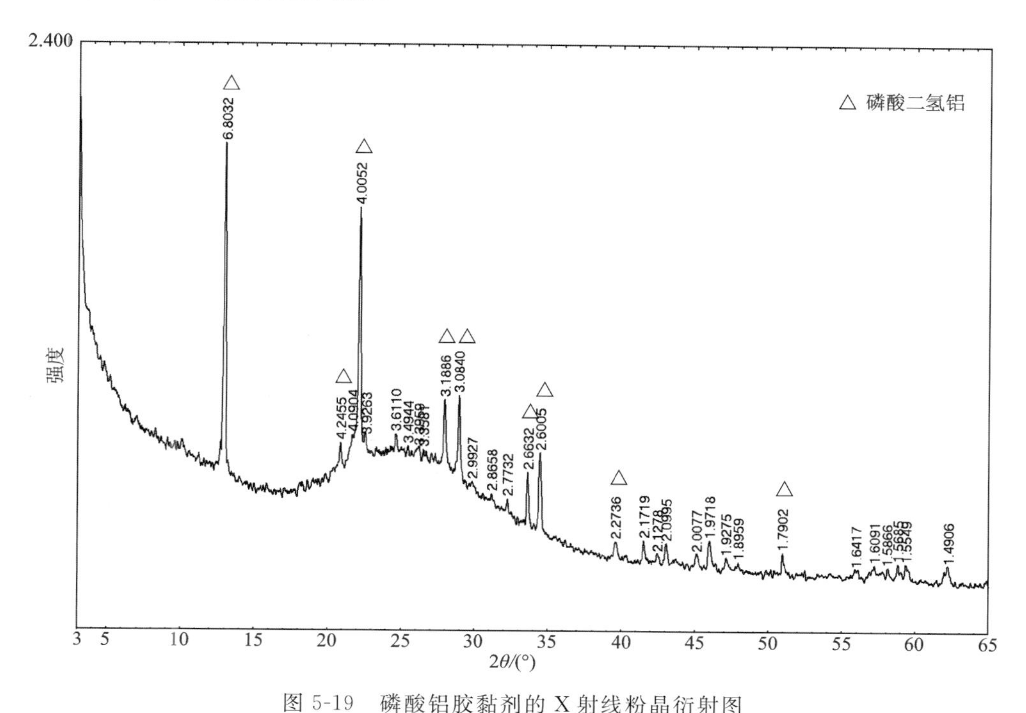

图5-19　磷酸铝胶黏剂的X射线粉晶衍射图

五、处理前后绿松石热性质的变化

测试对象为胶黏剂经烘干后制成的粉末、经充填处理后的绿松石样品及其对应处理前的天然样品。分析仪器为STA409PC型综合热分析仪，室温保持在15～25℃，湿度维持在30%～65%，在室温条件下将样品粉碎至200目，样品用量约为10mg。测试条件：室温至1100℃，以Al_2O_3为参比物，升温速率为10℃/min，由计算机采集样品从室温升至1000℃的过程中质量和吸放热变化的数据。

磷酸铝胶黏剂的差热失重分析曲线图如图5-20所示，磷酸铝无机胶黏剂的加热过程可分为低温和高温两个阶段。低温阶段包括室温至400℃这一范围，400～700℃为高温阶段。

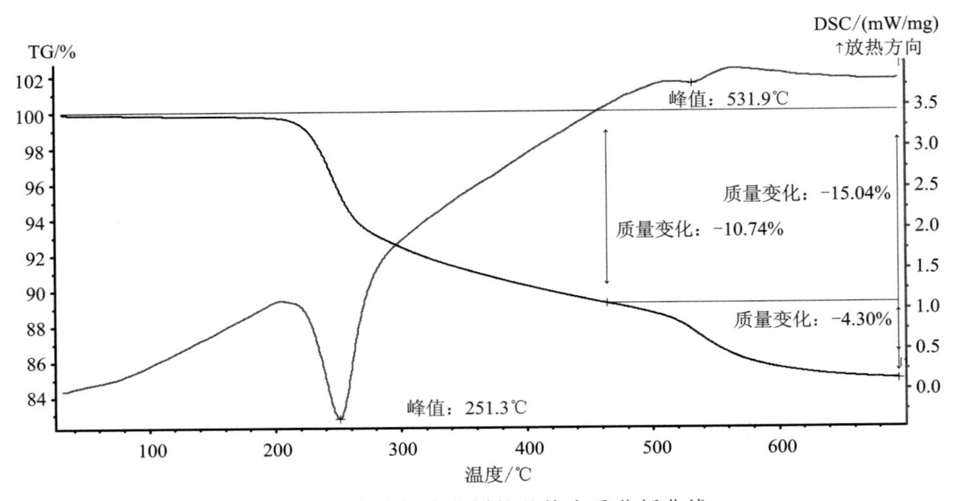

图 5-20　磷酸铝胶黏剂的差热失重分析曲线

在低温阶段，胶黏剂在加热过程中主要失去游离水和结合水。如图 5-20 所示，磷酸铝胶黏剂的差热失重曲线在 251.3℃有一明显的吸热谷，发生强吸热反应，在 531.9℃出现一微弱的吸热谷，均因为胶黏剂中结合水的脱失。经计算，251.3℃处的吸热峰对应的失重率与磷酸二氢铝[$Al(H_2PO_4)_3$]即($Al_2O_3 \cdot 3P_2O_5 \cdot 6H_2O$)转变成三聚磷酸二氢铝($AlH_2P_3O_{10} \cdot 2H_2O$)的失水率相符合，与文献[39]计算结果一致，说明磷酸铝结合剂在低温至中温的范围内生成氢结合是其主要的黏剂机理。在高温阶段，400～700℃范围内胶黏剂的结构与组成较稳定。

图 5-21 为浸胶充填处理前后绿松石的差热失重分析曲线图，天然绿松石在 299.0℃附近出现大而深的吸热谷，表征绿松石内部结合水脱失，结构被破坏。在 815.6℃附近出现锐而强的放热峰，揭示了绿松石在此温度段结构被彻底破坏，矿物结构发生调整，产生新物相。处理后的绿松石在 100～400℃之间出现两个吸热谷，分别位于 111.1℃和 273.3℃附近。位于 111.1℃附近宽缓的吸热谷，说明样品在加热过程中失去游离水，位于 273.3℃的吸热谷则指示样品中结合水的脱失。在高温阶段 400～1000℃范围内，处理后的样品在 770.6℃附近出现尖锐的放热峰，此阶段样品矿物结构调整并伴随新物相生成。

对比处理前后绿松石的差热失重曲线，处理后的绿松石结合水的脱失温度较处理前降低了 25.7℃。根据第二章第五节天然绿松石的热稳定性分析结果，天然绿松石的结合水脱失温度一般在 300～320℃之间，说明处理后的绿松石内部水的热稳定性发生了一定程度的改变。在放热区间，处理后绿松石的放热温度段较处理前也发生了较明显的改变，处理后样品相变的温度降至 770.6℃，较处理前降低了 45℃。这一现象可能是由两种原因所致：①处理后的绿松石中混入了外来的磷酸铝胶黏剂，其吸热温度约为 251.3℃，较天然绿松石吸热温度低，而处理后绿松石样品结合水脱失温度亦发生一定程度的降低，推断这一现象是添加磷酸铝胶黏剂与绿松石机械混合造成的；②添加的磷酸铝胶黏剂与绿松石发生了某种化学反应生成新矿物种属，从而使处理后样品的热稳定性发生了改变。为解释这一现象，笔者提取处理后的绿松石样品将其加热至 260℃、330℃、750℃、780℃，分别进行 XRD 测试并研究处理后样品在相应温度段的物相结构特征。

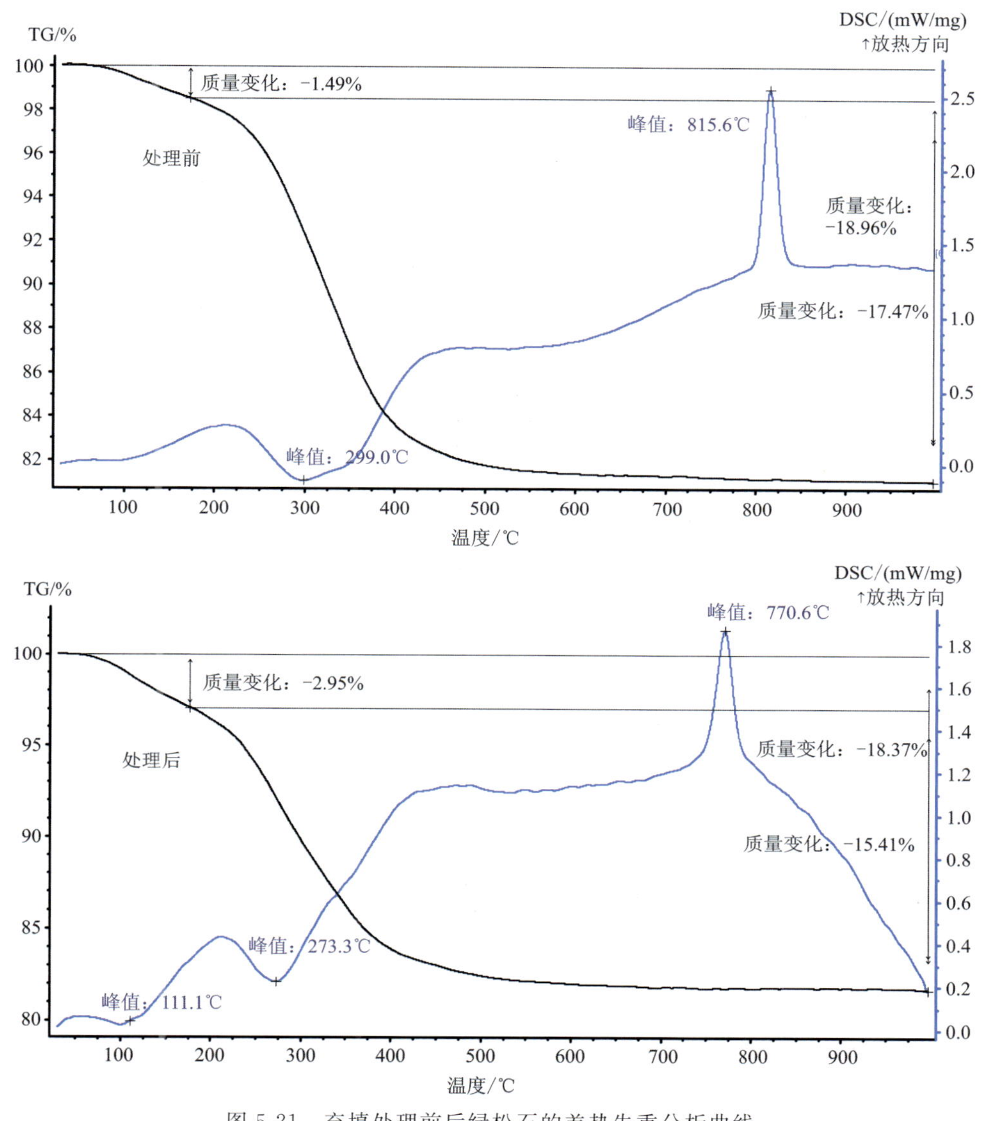

图 5-21　充填处理前后绿松石的差热失重分析曲线

由处理后样品 260℃、330℃、750℃、780℃四个温度段的 XRD 测试结果(图 5-22)可知：在 260℃时，XRD 谱线显示样品中主要矿物成分仍为绿松石，没有其他新矿物出现，说明充填处理后，绿松石样品中磷酸铝胶黏剂与绿松石并没有发生化学反应生成新矿物种。样品加热到 330℃时，衍射谱线完全消失，对应差热失重曲线上的强吸热反应阶段及样品中结合水的逸出，表明样品结构已被破坏。继续加热至 750℃时，XRD 图谱上出现新的衍射峰，谱线本底基线形态起伏变化较大，衍射谱线清晰明了，表明生成了新的化合物。在 15℃$<2\theta<$25℃间，出现了两个较强的衍射峰，对应 d 值分别为 4.131 1 和 4.358 2；30℃$<2\theta<$ 40℃间出现了一个较弱的衍射峰，对应的 d 值为 2.532 9。780℃时，衍射峰基本没有发生变化，生成了一种新结构的化合物 $AlPO_4$。这一结论与笔者[85]及姜泽春等[59]对绿松石热性能研究

中的高温相变结果一致。说明在差热分析研究中,经充填处理的绿松石其吸热和放热温度均有不同程度降低的现象主要是由添加的磷酸铝胶黏剂与绿松石机械混合造成的。

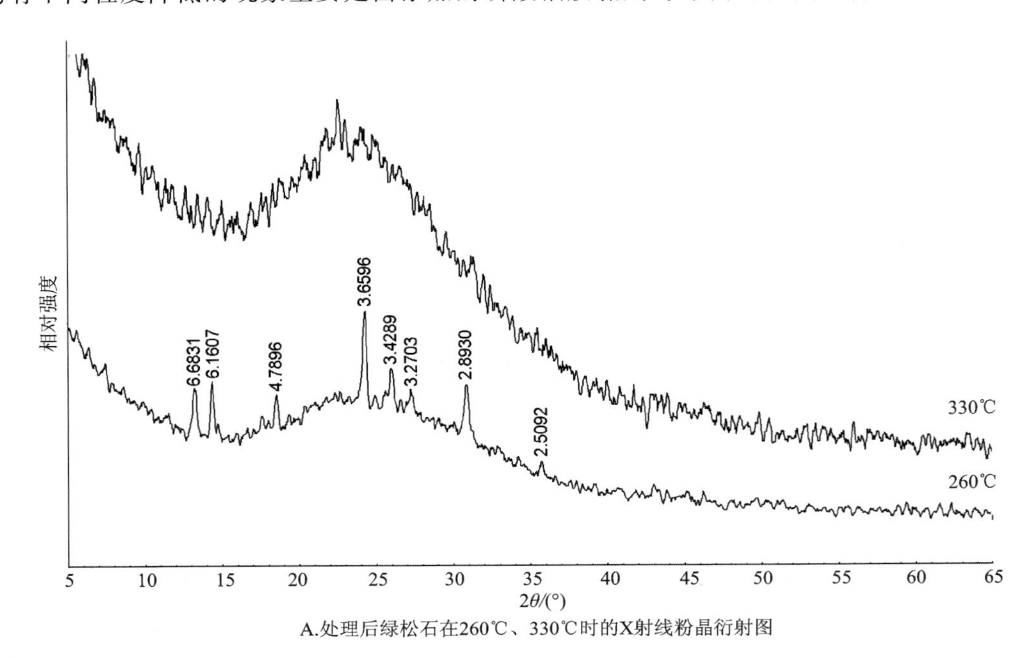

A.处理后绿松石在260℃、330℃时的X射线粉晶衍射图

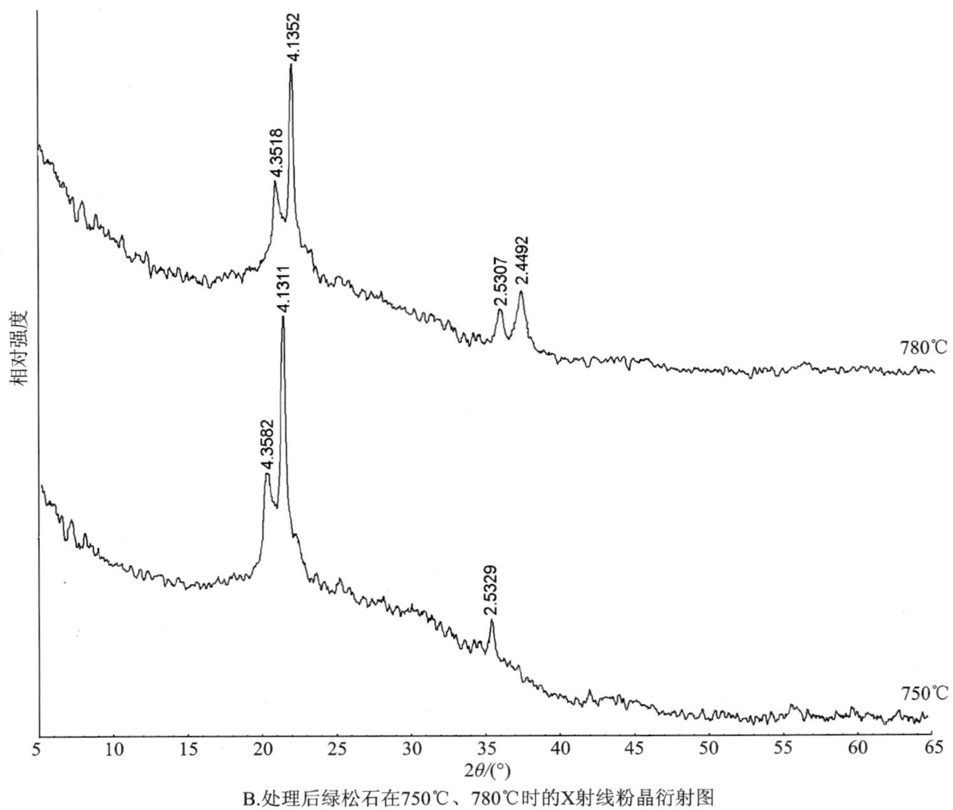

B.处理后绿松石在750℃、780℃时的X射线粉晶衍射图

图 5-22 处理后绿松石不同温度段的 XRD 分析图谱

第二节　绿松石废弃料再生利用机理探讨

一、处理前后绿松石孔隙度的变化

采用 Quanta200 环境扫描电子显微镜分别对未处理的绿松石废弃料 Y-0 和经过压制再造处理的绿松石 Y-45、Y-61 和 Y-192（样品图示见附录三）孔隙度的变化进行了研究，主要测试对象特征如下。

（1）将天然绿松石废弃料研磨至 200 目后，在嵌压机下加压至 30MPa，成型后取出待测（Y-0）。

（2）胶黏剂添加量＜21％，改善后硬度低，无法抛磨光亮的压制绿松石 Y-45。

（3）23％＜胶黏剂添加量＜25％，改善效果好，硬度较高，抛磨效果好的绿松石 Y-192。

（4）胶黏剂添加量＞25％，处理后内部出现大量微细裂纹的绿松石样品 Y-61。

对天然绿松石废弃料粉末压制成型的样品 Y-0 和经过添加胶黏剂压制处理后的样品 Y-45、Y-52 和 Y-61 进行显微结构分析，结果如图 5-23—图 5-26 所示，结果分析如下。

（1）处理前，废弃料粉末经压制成型，部分绿松石微晶保持了天然绿松石集合体中的长柱状或长板状（图 5-23）微晶晶形，微晶棱角分明，边界清晰，微晶与微晶之间连接不紧密，微孔隙度大，结构疏松。另有部分微晶呈大小不等的粒状、团块状，几乎见不到微晶晶形，排列杂乱无章。

（2）添加胶黏剂后压制的绿松石内部的微孔隙被不同程度的填充，胶黏剂在绿松石微孔隙中呈不规则凝胶状分布，如图 5-24—图 5-26 所示。

（3）当胶黏剂添加量较少（＜21％）时，绿松石内部只有部分微孔隙被填充（图 5-24），大部分柱状微晶与粒状微晶之间仍可见大量微孔隙，绿松石微晶间没有得到很好的粘接，处理后效果不佳，因处理后的绿松石样品硬度较小，抛磨时抛光粉很容易黏附在样品表面，使其无法抛亮。

（4）图 5-24 显示，处理后绿松石的微晶边界模糊，晶形难以分辨，微晶棱线与棱角不如处理前分明，说明在处理过程中，少部分绿松石微晶颗粒被添加的胶黏剂所溶解，被溶解的绿松石随着胶黏剂溶液中水分的蒸发固化又会从溶液中重新析晶充填孔隙。

（5）胶黏剂的添加量达到一定要求时（添加比例为 23％～25％），经压制处理的绿松石可以达到较好的改善效果。由显微形貌分析可知，这主要是由绿松石内部的微孔隙被大量填充所致（图 5-25）。将处理后的绿松石放大至 10 000 倍时，未见明显的微孔隙，说明处理后的绿松石微晶间粘接紧密，结构致密，硬度也得到明显提高。图中几乎见不到天然绿松石中常见的柱状微晶和板状微晶，处理后绿松石内部大都呈叠瓦状或团块状紧密排布，仅见少量裸露出来的棱角平滑、边界模糊绿松石微晶颗粒。

（6）胶黏剂添加过量时（＞25％），压制处理后绿松石微晶孔隙完全被充填（图 5-26），微晶颗粒间排列紧密，绿松石微晶晶形几乎不可见，且绿松石微晶及微晶孔隙几乎被胶黏剂完全包裹，这使微晶间的孔隙度得到最大限度的缩减，但微晶团块与微晶团块间有较大的间隙，即处理后绿松石内部存在的微裂隙，严重影响处理后绿松石的外观效果。

图 5-23 废弃料 Y-0 处理前的 SEM 图

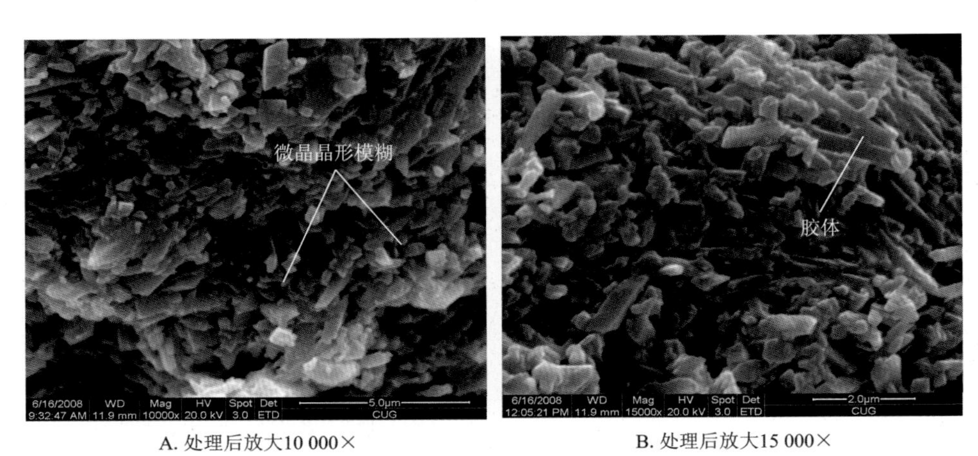

A. 处理后放大10 000×　　B. 处理后放大15 000×

图 5-24 处理后 Y-45 的 SEM 图

A.处理后放大10 000×

B.处理后放大10 000×

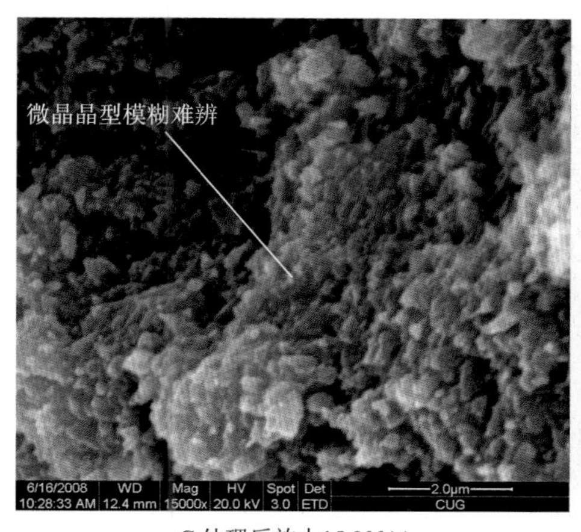

C.处理后放大15 000×

D.处理后放大15 000×

图 5-25 处理后 Y-192 的 SEM 图

A.处理后放大10 000×

B.处理后放大15 000×

图 5-26 处理后 Y-61 的 SEM 图

二、处理前后绿松石化学成分的变化

利用单矿物化学分析方法对处理前的绿松石粉末与处理后的压制样品分别进行化学成分分析，结果见表 5-4。与充填处理绿松石结果类似，经压制处理的绿松石除 P_2O_5、MgO 含量略偏高外，其他的化学组分未发生较大变化。处理后绿松石中 P_2O_5 含量为 38.89%，较处理前绿松石中 P_2O_5（P_2O_5 含量为 33.24%）增加 5.65 个百分点，MgO 含量增加了 0.31 个百分点，主要与坯料中添加的胶黏剂和 MgO 有关。以胶黏剂添加量<21%的压制处理绿松石样品 Y-45 为研究对象，分别选取 Y-45 中两组被胶黏剂充填及相应未被填充的部位（Y-45-1、Y-45-2）进行化学成分分析，结果如图 5-27 所示。通过对比分析，样品 Y-45 中，有胶黏剂填充的部位 P_2O_5 的质量分数较没有胶黏剂填充的部位明显增高，且化学组分中只有 Cu 和 Fe 两种致色元素，说明经压制处理的绿松石样品的颜色由 Cu 和 Fe 元素所致。

表 5-4　处理前后绿松石的化学成分(%)

绿松石	SiO_2	Al_2O_3	Fe_2O_3	FeO	MgO	CaO	MnO	P_2O_5	CuO	合计
未处理	4.02	34.47	4.72	0.19	0.01	0.15	0.01	33.24	7.26	84.07
处理后	3.67	31.98	3.87	0.24	0.32	0.11	0.01	38.89	7.03	86.12
天然绿松石	1.16	36.82	0.96	0.18	0.25	0.16		32.00	7.57	79.10
理论值[14]		36.84						34.12	9.57	80.53

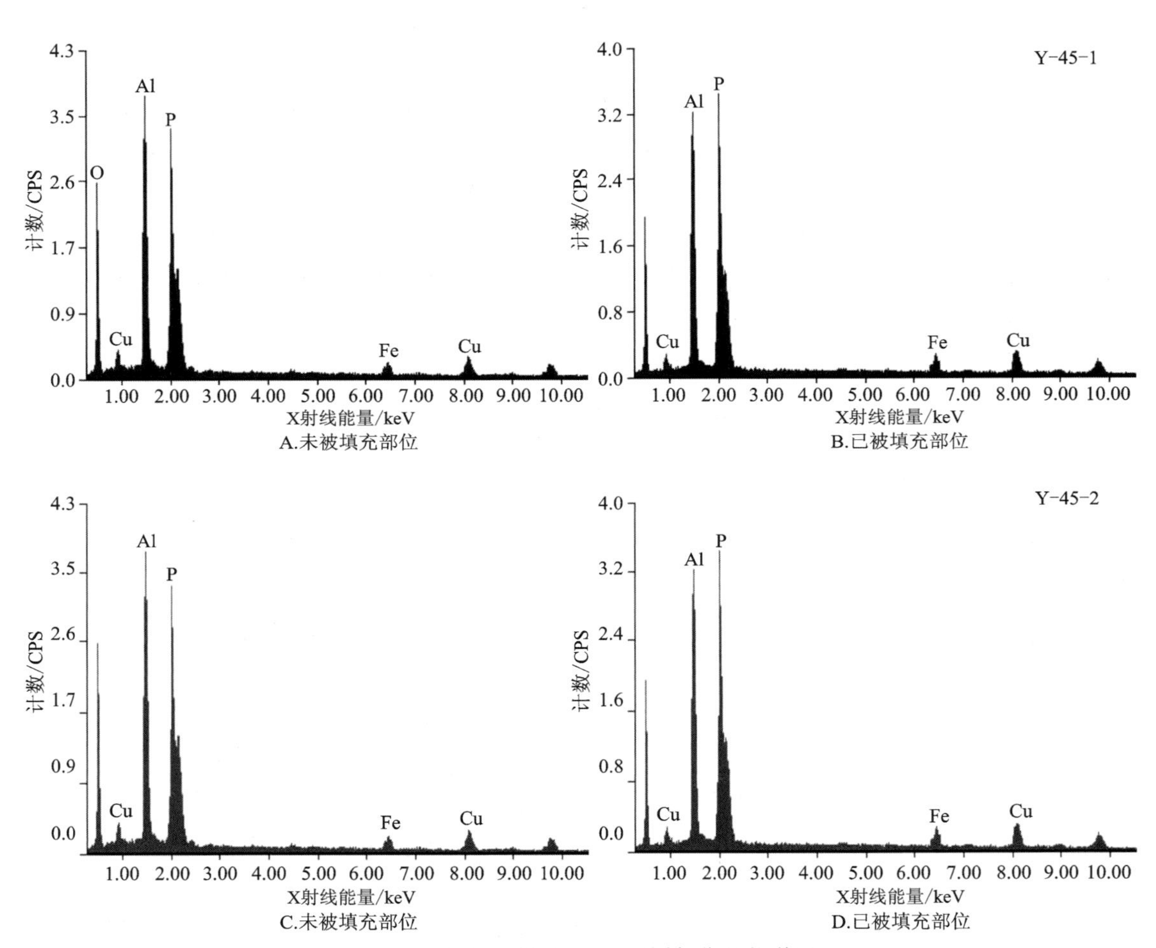

图 5-27　绿松石样品 Y-45 不同部位的能谱图

表 5-5 显示，Y-45-1 和 Y-45-2 中未被填充部位 CuO 含量分别为 8.30% 和 10.49%，Fe_2O_3 含量分别为 4.42% 和 5.03%，Cu/Fe 值分别为 1.88 和 2.08；在胶黏剂充填部位，Cu/Fe 值分别为 1.90 和 2.25，与未被填充部位处 Cu/Fe 值相近；说明处理后绿松石的颜色主要取决于处理前绿松石废弃料中 Cu、Fe 含量。

表 5-5 处理前后绿松石的 EDX 数据

样品号		Al_2O_3/%	P_2O_5/%	CuO/%	Fe_2O_3/%	Cu/Fe
Y-45-1	未被填充部位	39.57	47.71	8.30	4.42	1.88
	已被填充部位	35.18	55.81	5.91	3.10	1.90
Y-45-2	未被填充部位	40.11	47.45	10.49	5.03	2.08
	已被填充部位	36.26	48.22	8.49	3.95	2.25

三、处理前后绿松石结构的变化

采用 Nicolet550 型傅里叶变换红外光谱仪对处理前后的绿松石样品进行了红外吸收光谱测试，测试条件为：KBr 压片法，扫描次数为 32 次，扫描范围为 4000～400cm^{-1}，分辨率为 8。结果如图 5-28—图 5-30 和表 5-6 所示，OH^-，H_2O 及 PO_4^{3-} 基团振动模式和频率决定了处理后绿松石的红外吸收光谱特征，笔者认为经压制再造处理的绿松石的红外振动频率和振动强度与天然绿松石矿物的红外频率和强度基本一致，仅在个别波数范围内存在微小偏差，均在红外吸收光谱仪仪器的精确度范围之内。

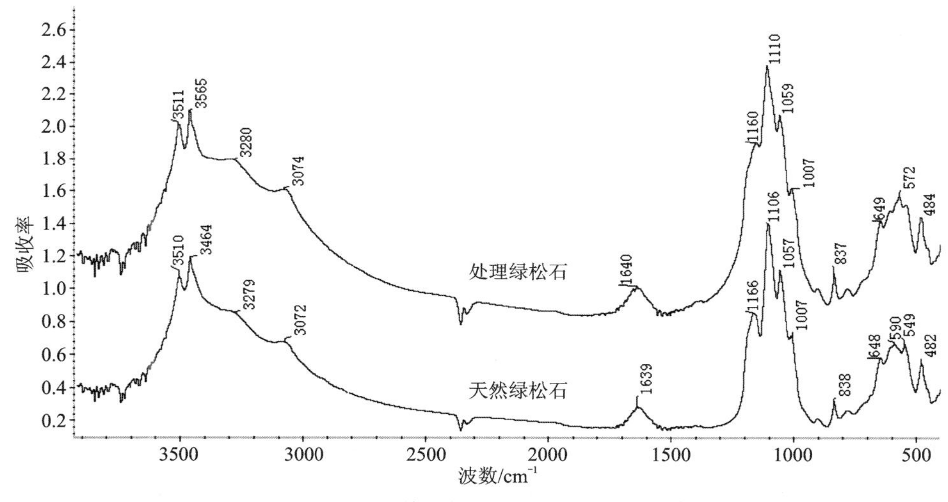

图 5-28 处理前后绿松石的红外吸收光谱图

在相同固化加热温度下，对一组添加不同比例胶黏剂的处理绿松石进行红外吸收光谱的测试，并在变温条件下，对一组胶黏剂添加比例相同（添加比例为 24%）的压制处理绿松石进行红外吸收光谱测试。对比分析表明，在胶黏剂添加比例相同的情况下，随加热温度增高，处理后绿松石中各基团红外吸收谱带特征没有发生明显改变；在相同的固化加热温度条件（150℃）下，当胶黏剂添加比例分别为 21%、23%、25%和 27%时，处理前后绿松石中由结合水振动致红外吸收谱带及 PO_4^{3-} 基团致伸缩和弯曲振动红外吸收谱带特征基本相同，分子结构无明显改变，说明磷酸铝胶黏剂的添加对绿松石的分子结构没有影响。

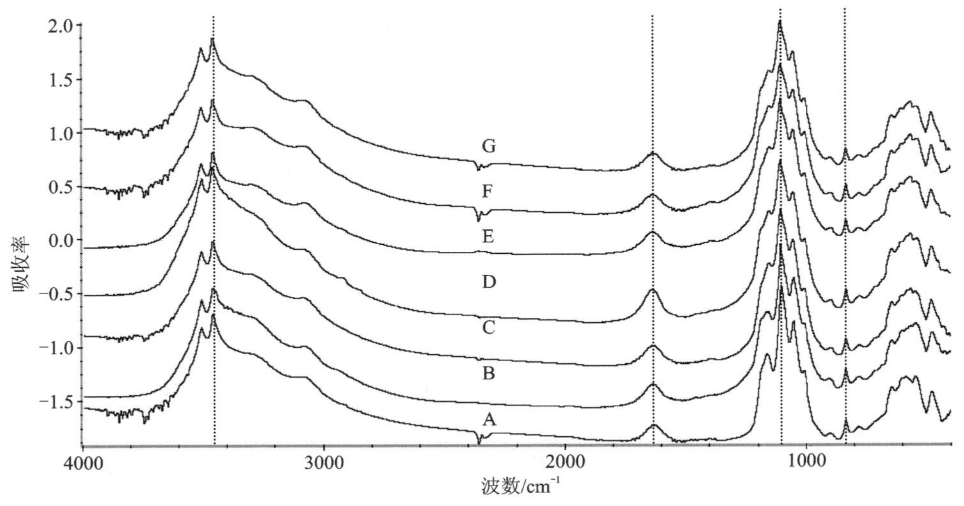

图 5-29 胶黏剂添加比例为 24%时，不同温度下处理后绿松石的红外吸收光谱

A. 绿松石废弃原料；B. 室温下(20℃)；C. 加热至 60℃；D. 80℃；E. 100℃；F. 120℃；G. 150℃

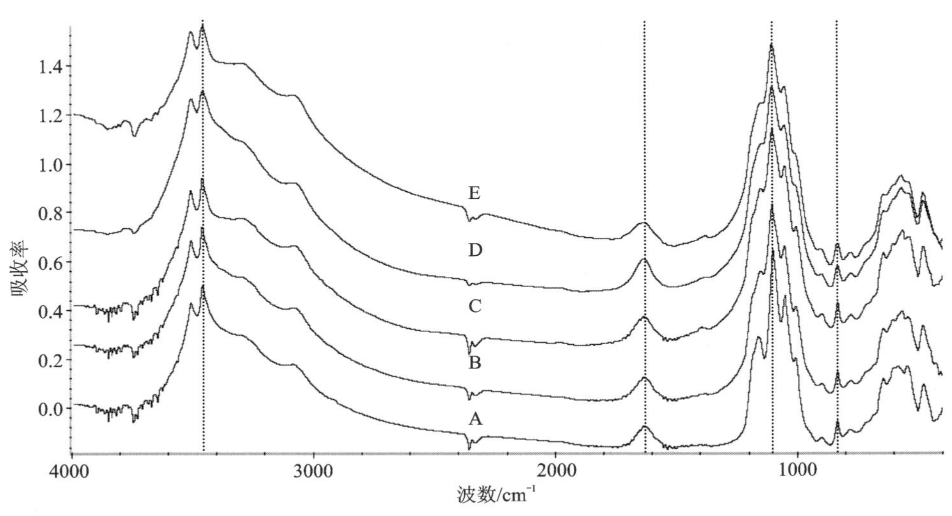

图 5-30 加热相同温度 150℃时，添加不同比例胶黏剂处理后绿松石的红外吸收光谱

A. 绿松石废弃原料；B. 添加比例为 21%；C. 添加比例为 23%；D. 添加比例为 25%；E. 添加比例为 27%

如图 5-31 所示磷酸铝胶黏剂的红外吸收光谱图，在 3600～3000cm^{-1}处出现的宽大的红外吸收峰是由于磷酸铝吸水潮解所致[78,109]，1640～1639cm^{-1}处的吸收峰是由胶黏剂中的结合水振动所致，P-O 伸缩振动则位于 1400～900cm^{-1}区间内[78]。磷酸铝胶黏剂的红外吸收光谱主要由 PO_4^{3-}基团振动模式和频率所决定，与绿松石红外吸收光谱中的主要振动基团相同，且磷酸铝在与绿松石混合胶结过程中，没有带入外来杂质元素，故绿松石的主要化学组分没有改变，经处理后绿松石的红外吸收光谱与天然绿松石无本质区别。

表 5-6　不同条件下，压制处理绿松石的红外吸收光谱特征(cm^{-1})

振动类型		ν(OH)和ν(H_2O)伸缩振动	δ(H_2O)弯曲振动	ν_3(PO_4)伸缩振动	δ(OH)弯曲振动	ν_4(PO_4)弯曲振动
废弃原料		3510,3464,3309,3091	1639	1166,1106,1057,1014,	904,838,784	648,590,549,482
相同胶黏剂添加比例(24%)，不同温度	20℃	3510,3464,3307,3083	1639	1158,1109,1057,1014	908,838,784	648,572,549,482
	60℃	3510,3465,3310,3090	1639	1156,1109,1060,1012	904,837,783	648,572,550,484
	80℃	3508,3466,3308,3091	1640	1156,1110,1060,1012	904,837,783	648,573,544,484
	100℃	3511,3465,3306,3084	1639	1154,1110,1060,1012	904,837,783	648,572,549,485
	120℃	3512,3465,3306,3087	1640	1155,1110,1060,1011	904,837,783	648,572,544,484
	150℃	3511,3466,3308,3085	1639	1155,1110,1060,1012	904,837,783	648,573,547,485
相同加热温度，不同胶黏剂添加比例	21%	3511,3466,3307,3085	1639	1155,1110,1060,1012	904,837,783	648,573,547,485
	23%	3512,3466,3306,3087	1640	1155,1110,1060,1011	904,837,783	648,572,544,484
	25%	3511,3463,3308,3088	1638	1153,1109,1059,1014	905,837,783	646,573,547,483
	27%	3511,3464,3304,3089	1638	1154,1110,1059,1014	908,837,785	647,574,548,483
张慧芬[69]		3511,3465,3320,3090	1625	1160,1105,1050,1010	907,837,777	645,585,540,475

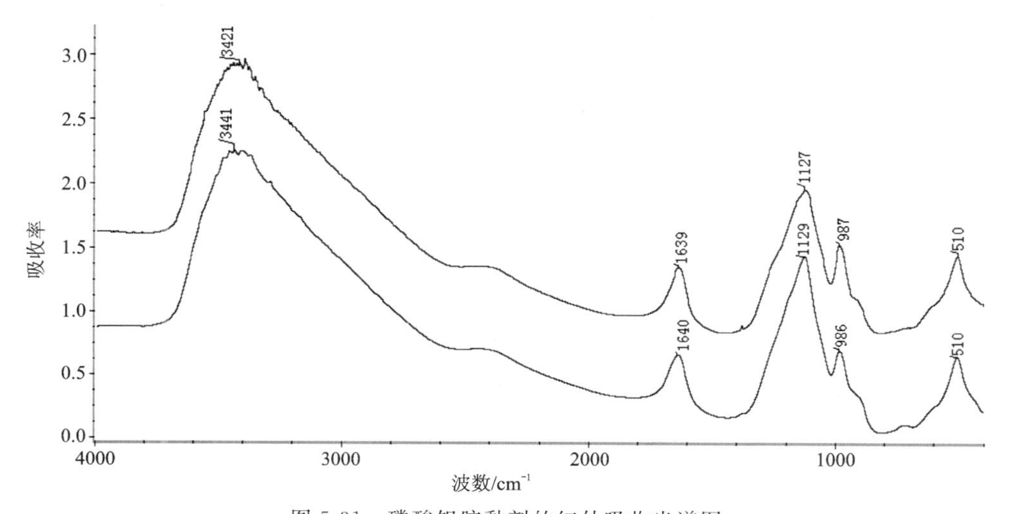

图 5-31　磷酸铝胶黏剂的红外吸收光谱图

与天然绿松石相比，注塑处理绿松石整体上保留了天然绿松石中水分子振动及磷酸根基团振动致红外吸收光谱特征(图 5-32)，但在 2923cm^{-1}左右、2851cm^{-1}左右显示由外来的有机树脂中 CH_2反对称伸缩振动和 CH_2对称伸缩振动致红外吸收谱峰[10]。同理，1725cm^{-1}处的红外吸收弱谱峰亦属外来杂质基团振动所致，说明人工注胶处理绿松石中采用有机树脂类物质作为胶结物。

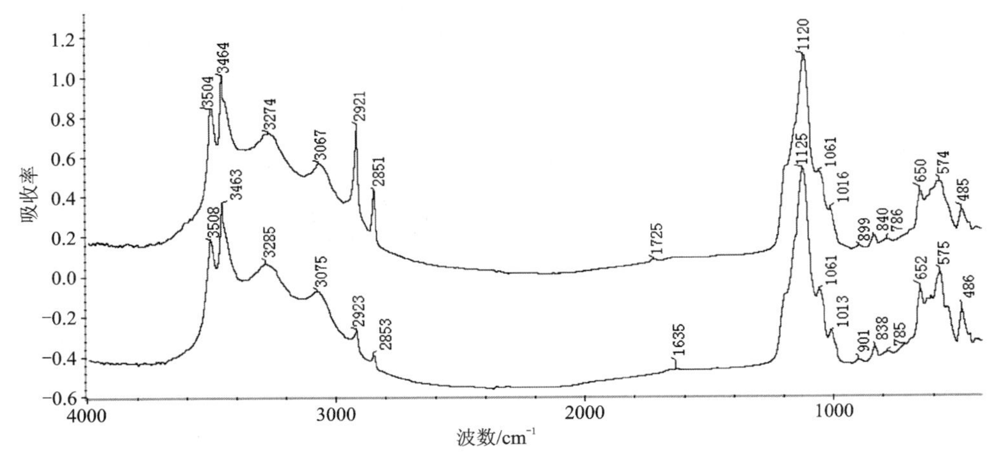

图 5-32　人工注胶处理绿松石红外吸收光谱

四、处理前后绿松石物相的变化

将压制成型后的绿松石坯体分阶段加温固化，并分别提取室温、80℃、120℃、150℃和180℃不同加热温度下的样品及处理前的绿松石废弃原料粉末进行 XRD 分析，研究其物相变化及反应过程。测试条件为：X' Pert PRO DY2198 型 X 射线粉晶衍射仪，Cu 靶，Ni 片滤波，扫描范围 $2\theta=3°\sim65°$，采用的电压为 40kV，电流为 40mA，扫描速度为 10°/min。

图 5-33 为处理前后绿松石的 X 射线粉晶衍射图，对比衍射图谱发现，与第五章第一节中所述浸胶充填处理绿松石的物相分析结果类似。经压制处理的绿松石其晶面网射线谱值 d 值和对应的相对强度(I/I_1)与处理前绿松石废弃原料的晶面射线特征整体差异不大，说明处理前后绿松石的主要晶面网间距基本一致，矿物结构没有发生改变。处理前绿松石废弃原料的主要晶面网射线谱值为 3.669 9($I/I_1=100$)、2.897 6($I/I_1=77$)、6.157 5($I/I_1=49$)和 3.428 1($I/I_1=45$)，添加胶黏剂压制处理成型后，绿松石坯体在不同的固化温度下，主要晶面网射线谱值分别为：

3.667 4($I/I_1=100$)，2.897 6($I/I_1=84$)，6.150 4($I/I_1=52$)，3.428 1($I/I_1=55$)；(常温)
3.672 4($I/I_1=100$)，2.899 1($I/I_1=79$)，6.164 6($I/I_1=58$)，3.430 3($I/I_1=60$)；(80℃)
3.669 9($I/I_1=100$)，2.897 6($I/I_1=76$)，6.157 5($I/I_1=52$)，3.428 1($I/I_1=51$)；(120℃)
3.672 4($I/I_1=100$)，2.900 7($I/I_1=67$)，6.164 6($I/I_1=64$)，3.432 4($I/I_1=52$)；(150℃)
3.669 9($I/I_1=100$)，2.897 6($I/I_1=81$)，6.157 5($I/I_1=54$)，3.428 1($I/I_1=57$)。(180℃)

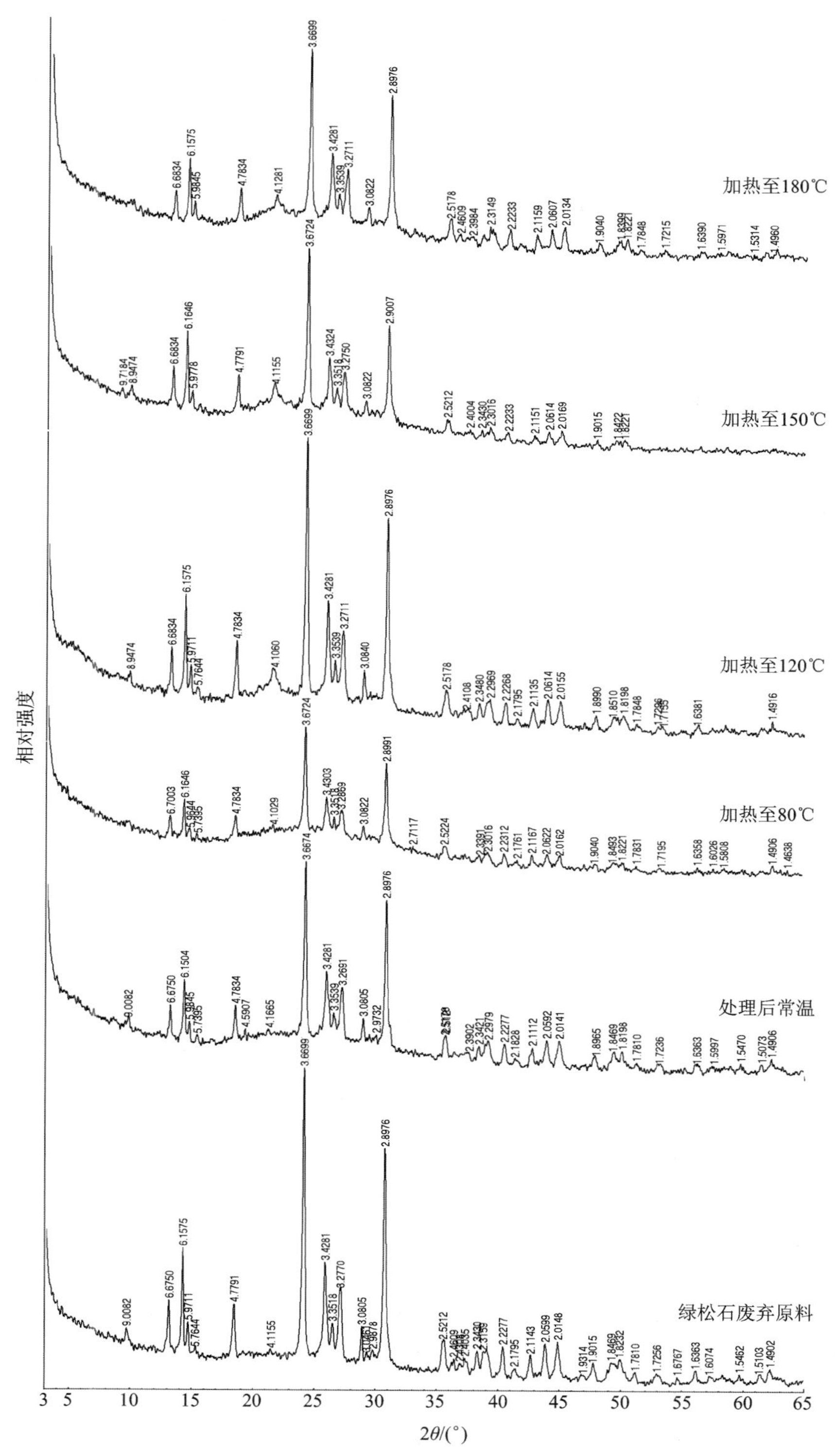

图 5-33　处理前后绿松石的 XRD 分析图

图 5-33 显示，处理后绿松石的晶面网射线清晰明了，表明结晶程度良好，且其衍射峰与天然绿松石的晶面衍射线主要峰形一致，没有出现其他矿物相的衍射峰，主要矿物仍为绿松石。值得指出的是，在 2θ 角介于 20°～23°之间，随着固化温度升高，d 值范围为 4.115 5～4.166 5，面网指数为(120)的衍射峰强度明显增强，说明处理后绿松石微晶的(120)面网较天然绿松石发育更好，添加的胶黏剂对绿松石的(120)面网发育有一定的促进作用。

对处理前后绿松石样品的 X 射线衍射图进行指标化并用最小二乘法计算出其晶胞参数(表 5-7)。结果表明，处理后的绿松石和处理前绿松石废弃原料的晶胞参数以及标准数据资料提供的基本相当，晶胞参数值差异微小，这说明经处理后的绿松石晶体结构稳定，胶黏剂的添加对绿松石自身的晶体结构并无影响。处理后绿松石微形貌及微孔隙度变化情况及处理后绿松石微晶(120)面网的畸变，再次证明了胶黏剂与绿松石黏合过程中，部分绿松石微晶发生了微弱的溶解重结晶反应，这种反应对绿松石内部结构没有明显影响，只是促进了绿松石(120)面网的发育，而这种现象在充填处理绿松石中表现得并不明显，至于是何机制有待进一步研究。

表 5-7　处理前后绿松石样品的细胞参数数据表

样品编号		晶胞参数						晶胞体积/Å^3	空间群
		a/Å	b/Å	c/Å	α	β	γ		
绿松石废弃原料		7.476 8	9.933 9	7.678 7	111°54′	115°24′	69°28′	465.472	$P\bar{1}$
处理后绿松石	室温	7.462 9	9.940 7	7.678 7	112°10′	115°24′	69°18′	464.272	$P\bar{1}$
	80℃	7.481 2	9.962 0	7.677 9	111°47′	115°26′	69°23′	466.956	$P\bar{1}$
	120℃	7.459 7	10.004 6	7.688 4	112°60′	115°20′	69°15′	467.543	$P\bar{1}$
	150℃	7.457 8	9.927 0	7.652 3	111°35′	115°14′	69°34′	463.897	$P\bar{1}$
	180℃	7.477 7	9.923 5	7.696 8	111°53′	115°26′	69°19′	465.794	$P\bar{1}$
PDF/JCPDS 卡片*		7.490 0	9.950 0	7.690 0	111°60′	115°23′	69°43′	468.41	$P\bar{1}$

注：* PDF/JCPDS 卡片 XRD 数据引自 Klein C., Hurlbut C. S. jr. (2002)[74]。

五、处理前后绿松石热性质的变化

采用 STA409PC 型综合热分析仪对处理前后的绿松石样品进行差热失重分析，测试条件：室温至 1100℃，Al_2O_3 为参比物，升温速率为 10℃/min，由计算机采集样品从室温升至 1000℃的过程中质量和吸放热变化的数据。

天然绿松石的加热过程可分为低温吸热和高温放热两个阶段(图 5-34)。低温阶段即室温至 400℃，绿松石在 312.5℃左右出现宽大的吸热谷；在高温 400～1000℃阶段，绿松石由非晶态逐渐转变为新物相，在 809.8℃左右出现强放热峰并同时发生相变。处理后的绿松石整体热重变化与天然绿松石对应，在 290.6℃左右及 784.2℃左右分别发生强吸热和放热反应。

通过对比可知，压制处理后绿松石的差热失重特征与充填处理绿松石的特征一致。吸热和放热反应温度较处理前均有一定程度的降低，具体表现在处理后绿松石结合水的脱失温度较处理前天然绿松石脱失温度降低了 21.9℃，处理后绿松石的相变温度较处理前降低了 25.6℃，这一现象主要是由于添加的胶黏剂具有较低的吸热反应温度(251.3℃)。绿松石经处理后，胶黏剂黏附在绿松石内部，故最终测得的处理后绿松石的热反应数据是胶黏剂与绿松石热反应温度叠加后的结果。

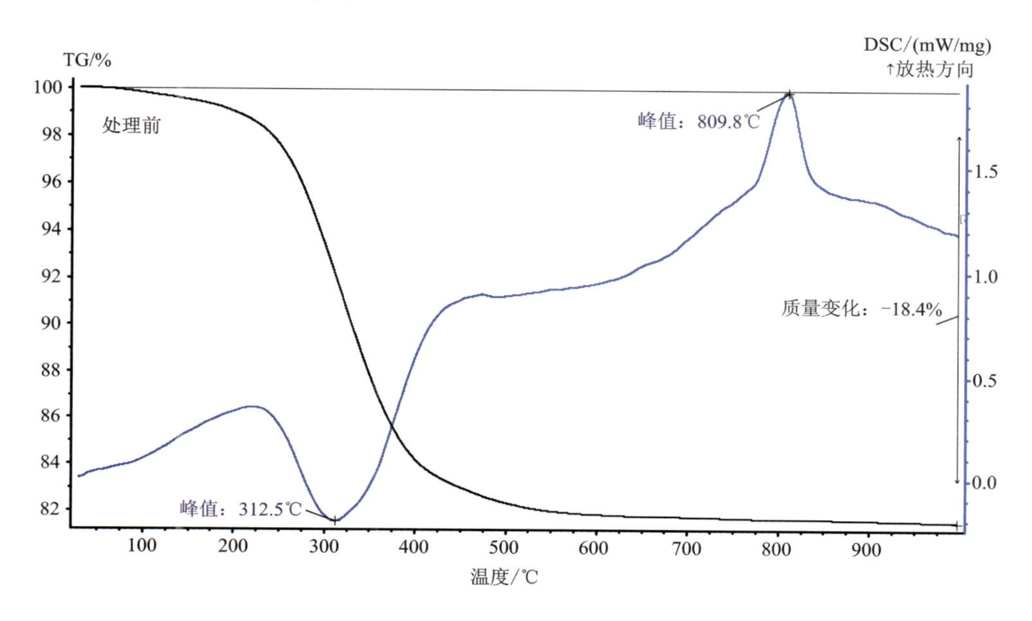

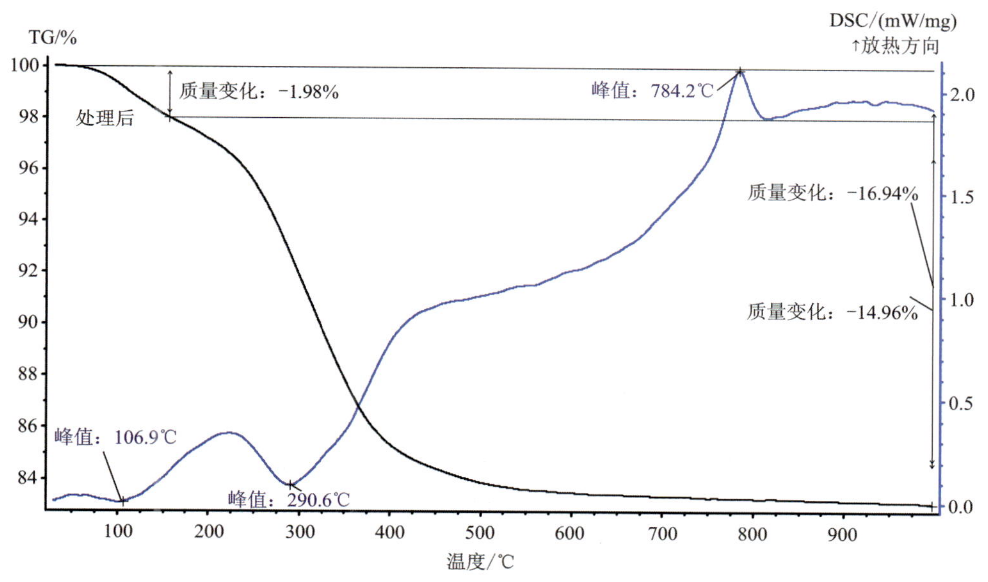

图 5-34　处理前后绿松石的差热失重曲线

第三节 绿松石与胶黏剂作用机理探讨

一、粘接理论的解释

粘接理论认为，为了获得良好的粘接强度，在粘接过程中胶黏剂必须是容易流动的液体，才有利于界面分子的接触，使得胶黏剂和被粘材料之间处于湿润状态。胶黏剂能够自动在被粘材料表面展开，两者界面分子充分靠近，湿润程度好，从而增大实际粘接面积，提高粘接强度[110－113]。

完全浸润是获得高粘接强度的必要条件。浸润不完全，会使胶黏剂和被粘材料实际粘接面积减小，而且粘接界面会产生空隙，并在空隙周围产生应力集中，显著降低粘接强度。因此，在浸胶充填绿松石过程中，疏松绿松石浸润完全的表层改善效果好，浸润不完全的内层改善效果差。同理，在压制处理绿松石实验中，只有适量并且浓度合适的胶黏剂才能充分与绿松石粉末界面充分接触，使胶黏剂与绿松石粉末间处于湿润状态，从而有效地增大粘接面积，获得高粘接强度。

20 世纪 80 年代至今，人们对粘接机理已经进行了相当长时间的研究，并提出了不少理论来解释粘接本质，目前有如下几种比较公认的理论[110-117]。

(1)机械结合理论。机械结合理论是最早提出的粘接理论。液态胶黏剂分子渗入被粘接材料凸凹不平的沟痕或孔隙中，固化后在界面区产生了啮合或锚接效果，这些情况类似于木箱边角的嵌接，钉子与木材的接合或根植入泥土的作用。该理论认为胶接作用归因于机械黏附作用，并可以解释多孔材料的粘接问题。

(2)吸附理论。吸附理论认为粘接是类似于吸附现象的表面过程，胶黏剂通过布朗运动逐渐向被粘物表面迁移，极性基团靠近，当距离小于 5Å 时，能够相互吸引，产生分子间力，也就是所谓的范德华力和氢键，形成粘接。根据计算，两个理想平面距离达到 3～4μm 时胶结强度可达到 100～1000MPa，这个数值已远远超过现代最好的结构粘接剂所能达到的胶结强度。分子间作用力是粘接力的最主要来源，它广泛存在于所有的粘接体系中。

(3)扩散理论。扩散理论认为分子或链段的热运动(微布朗运动)产生了胶黏剂和被粘物分子之间的互相扩散，从而使一个物体的分子跑到另一个物体的表层里，另一个物体的分子也跑到这个物体的表层里，中间的界面逐渐消失，相互“交织”而牢固地结合。当胶黏剂和被粘物都具有能够运动的长链大分子时，扩散理论是适用的。热塑性塑料的溶剂粘接和热焊接即为分子扩散的结果。

(4)化学键理论。化学键理论认为胶黏剂与被粘物表面产生化学反应而在界面上形成化学键结合，像铁链一样，把两者牢固地连接起来。因化学键能比分子间力要大 1～2 个数量级，所以能获得高强度牢固的粘接。化学键力包括离子键力、共价键力、配位键力。离子键力有时候可能存在于无机胶黏剂与无机材料表面之间的界面区内；共价键力可能存在于带有化学活性基团的胶黏剂分子与带有活性基团被粘物分子之间。

(5)静电理论。静电理论认为，在胶黏剂与被粘物界面上形成双电层，由于静电的相互吸引而产生黏附力。当金属与高分子胶黏剂密切接触时，由于金属对电子的亲和力低，容易失去电子；而非金属对电子亲和力高，容易得到电子，故电子可以从金属移向非金属，使界面两侧产生接触电势，并形成双电层。双电层电荷性质相反，从而产生静电引力。总之，当胶黏剂与被粘物体系是一种电子接受体与供给体的组合形式时，都可能产生界面静电引力。静电作用仅存在于能够形成双电层的粘接体系中，因此不具有普遍性。

上述是产生黏附力的五种理论，但至今尚无统一的说法，虽然以上理论可以解释粘接过程中的某些现象，但迄今为止有关粘接的任何一种理论都不能单独解释粘接现象。在各种产生粘接力的因素中，只有分子间作用力普遍存在于所有粘接体系，其他作用仅在特殊情况下成为粘接力的来源。

二、磷酸铝胶黏剂对绿松石的粘接机理

影响胶黏剂粘接强度的因素有自身的，如胶黏剂组成、结构等；亦有被粘物方面的因素，如在绿松石浸胶充填处理实验中，绿松石内部的微孔隙为磷酸铝胶黏剂的渗入提供了通道；还有胶黏剂和被粘物相互作用方面的因素，如在绿松石再生利用处理过程中，绿松石与磷酸铝胶黏剂是否相互发生化学反应、润湿性等。

本书实验添加的磷酸铝胶黏剂通常是由铝的氢氧化物或氧化物与磷酸反应所制得，铝离子可以通过 Al—O 键和磷酸生成网络聚合物。磷酸铝胶黏剂在受热固化过程中，其水溶液中的网络聚合物又与氢结合形成复杂的无机高分子聚合物网络结构，见反应式(5-1)，原有或生成的水分被排出，从而使其具有高强度粘接内聚力。

$$n(-\mathrm{O}-\overset{\mathrm{O}}{\overset{|}{\mathrm{Al}}}-\mathrm{O}-\underset{\mathrm{OH}}{\underset{|}{\overset{\mathrm{O}}{\overset{\|}{\mathrm{P}}}}}-\mathrm{OH}) \xrightarrow{\text{高温}} n(-\mathrm{O}-\overset{\mathrm{O}}{\overset{|}{\mathrm{Al}}}-\mathrm{O}-\underset{\mathrm{O}-}{\underset{|}{\overset{\mathrm{O}}{\overset{\|}{\mathrm{P}}}}}-\mathrm{O}) \tag{5-1}$$

根据以上理论分析认为磷酸铝胶黏剂对绿松石的胶结处理过程主要存在着三种相互作用：物理作用、机械作用和化学作用。

物理作用表现方式为分子间的微观作用力和扩散作用，即在绿松石再生利用实验中，添加入的液体磷酸铝胶黏剂通过布朗运动逐渐向绿松石表面迁移，最终与绿松石微粒之间处于充分润湿状态。磷酸铝能够自动在绿松石微粒表面展开，使两者界面分子充分靠近，体现了分子间的微观作用力。由于磷酸铝胶黏剂和绿松石界面分子的大面积接触，产生了胶黏剂与绿松石分子之间的互相扩散，使两者的分子互相进入到对方的表层里，绿松石微粒与磷酸铝中间的接触界面逐渐消失，从而使绿松石与磷酸铝胶黏剂相互交织而牢固结合。

从机械结合作用角度分析，磷酸铝胶黏剂分子渗入到绿松石的微孔隙中，固化后在两者界面区产生了啮合效果，如同往基体中钉入钉子一样，增大了接触面积，锁扣效应增强，胶结了原来仅为松散镶嵌的绿松石矿物颗粒，使其结构得到改善。这种作用在绿松石废弃原料粉末压制再造过程中表现得尤为明显。压制预成型的绿松石坯体之所以具有一定的强度，除了磷酸铝胶黏剂的粘接作用外，绿松石粉末颗粒之间的机械啮合力和粉末颗粒表面原子之间的引力作用也是其主要影响因素。

化学作用则表现在磷酸铝胶黏剂与绿松石接触界面的化学键力。磷酸铝胶黏剂在受热固化过程中，自身会发生分子间的脱水聚合产生粘接力。处理前后绿松石的微形貌观察及粉晶衍射结果表明，在处理过程中，磷酸铝胶黏剂与绿松石微粒间发生微弱的溶解作用，由于水分的不断蒸发，磷酸铝胶黏剂的固化又会使其从溶液中重新析晶出来充填孔隙。

综合以上分析，绿松石再生利用实验的改善原理和反应机制为：在对疏松绿松石浸胶充填或对绿松石废弃原料压制再造的条件下，磷酸铝胶黏剂溶液通过布朗运动沿着绿松石微孔隙或微粒边界逐渐浸润至绿松石内部，经过加热发生聚合固化，并导致部分绿松石微晶溶解重结晶，最终这些反应产物充填了绿松石内部原先的孔隙，并以原子和分子范围内的微观作用、宏观结合（机械联锁作用）和接触界面的化学键力胶结了原来仅为松散镶嵌的绿松石矿物颗粒。一方面降低了绿松石微粒间的孔隙度，减少了光的漫反射，使处理后的绿松石颜色加深，透明度提高；另一方面使处理后绿松石的矿物颗粒连接得更加紧密，从而达到提高硬度，改善工艺性能的目的。

第四节　本章结论

本章采用电子探针、环境扫描电子显微镜、单矿物化学成分分析、红外吸收光谱测试分析、差热分析及 XRD 粉晶衍射分析对优化处理前后绿松石的化学成分、分子结构、矿物组构及改性机理等进行了研究，主要结论如下。

（1）处理前后绿松石的显微结构研究和化学成分分析结果表明：①充填处理后绿松石的结构致密程度、硬度大小和颜色深浅受控于磷酸铝胶黏剂的填充含量。完全被填充、胶黏剂含量较高的部位，结构致密，颜色较深；填充不完全、胶黏剂含量低的部位，结构疏松，硬度较低，颜色较浅。②绿松石经浸胶充填和压制再造处理后，胶体均呈凝胶状分布在绿松石原有的微孔隙间，绿松石微晶晶形表现为模糊，边棱圆滑。绿松石与胶黏剂在黏合过程中，部分微晶发生微弱的溶解重结晶反应。③EDX 测试和化学成分分析综合表明，处理后绿松石内部胶黏剂填充充分的部位，P_2O_5 含量明显增高，MgO 含量有 0.08%～0.31%的升高，其他主要化学组分变化不大；处理后绿松石主要致色元素与处理前一致，均为 Cu 和 Fe。④处理后绿松石颜色色调与处理前绿松石中的 Cu、Fe 含量有关，Cu/Fe 比值大的绿松石经处理后偏蓝色，Cu/Fe 比值低的绿松石经处理后偏绿色。

（2）处理前后绿松石的红外吸收光谱和 XRD 粉晶衍射研究结果表明：①处理后绿松石分子结构和矿物组构与处理前天然绿松石一致，但产生了一定程度的非晶质化。处理后绿松石中非晶质化的产生与磷酸铝的填充作用有关，即磷酸铝胶黏剂在固化过程中脱水形成无机高分子网络结构。②在压制处理绿松石实验中，磷酸铝胶黏剂的添加，促进了绿松石微晶（120）面网的发育，但在充填处理绿松石中表现得并不明显。

（3）处理前后绿松石的差热失重曲线研究结果表明：处理后的绿松石吸热和放热反应温度与处理前天然绿松石相比均有一定程度的降低，主要是由于添加的磷酸铝胶黏剂具有较低的吸热反应温度。

（4）无机胶黏剂对绿松石的改善机理和反应机制为：在对疏松绿松石浸胶充填或对绿松

石废弃原料压制再造的条件下，磷酸铝胶黏剂溶液通过布朗运动沿着绿松石微孔隙或微粒边界逐渐浸润至绿松石内部，经过加热发生聚合固化，并导致部分绿松石微晶溶解重结晶，最终这些反应产物充填了绿松石内部原先的孔隙，并以原子和分子范围内的微观作用、宏观结合（机械联锁作用）和接触界面的化学键力胶结了原来仅为松散镶嵌状的绿松石矿物颗粒。一方面降低了绿松石微粒间的孔隙度，减少了光的漫反射，使处理后的绿松石颜色加深，透明度提高；另一方面使处理后绿松石的矿物颗粒连接得更加紧密，达到提高硬度、改善工艺性能的目的。

第六章　结论

第一节　主要结论

本书重点选取小颗粒的绿松石废弃原料和绿松石次级单体料为研究对象，遴选与绿松石化学成分相近的无机结合剂 $Al(H_2PO_4)_3$ 溶液及相关辅助材料，采用不同的化学配方与实验条件，通过浸胶充填和压制再造的化学聚合方法对小颗粒绿松石废弃料和次级单体料进行人工优化处理和改善，达到提高绿松石废弃料的单体尺寸和改善绿松石次级料质量的目的，使其宝石学特征、工艺和力学性质得到明显改善，为绿松石资源的综合再生利用和优化处理提供科学依据。主要认识和结论如下。

(1)以绿松石储量最优的湖北省竹山县秦古镇产出的绿松石为重点研究对象，以竹山县喇叭山、郧县以及安徽马鞍山地区产出的绿松石为比对研究对象，对天然绿松石的产出地质特征、化学成分，显微结构、呈色机理等进行了研究和探讨。结果表明：①绿松石颜色除与致色元素 Fe^{3+}、Cu^{2+} 的含量有关，还与表生风化作用的强度相关，随表生风化作用的增强，颜色变浅，致密程度降低。②偏光显微镜下绿松石具隐晶—微晶结构，局部呈放射球粒状结构、鳞片状结构。绿松石中常含有深褐色的铁线，铁线物质由铁质、碳质、少量的绢云母和细小的黏土矿物组成。③绿松石的显微结构形态多样，微晶多呈菱形鳞片状、柱状、片状和薄板状分布。④不同形态、不同产地、不同颜色的绿松石表现出的红外吸收光谱特征差异不明显，具有相同基团的振动特征峰，仅在个别波数范围内存在微小的偏差，3505～3070cm^{-1} 范围内红外吸收谱带为 ν(OH)伸缩振动所致，1198～1010cm^{-1} 的红外吸收峰归属为 $\nu_3(PO_4)$ 伸缩振动；δ(OH)弯曲振动致红外吸收谱带在 839～781cm^{-1}；$\nu_4(PO_4)$弯曲振动致红外吸收谱带主要为 652～483cm^{-1}。⑤绿松石在可见光波长范围内，显示两条吸收强度不等且宽窄不一的特征吸收谱带，即分别由 Fe^{3+} d-d 电子跃迁引起的 a_1 带 423～438nm 和 Cu^{2+} d-d 电子跃迁引起的 a_2 带 683～688nm，a_2 带普遍较 a_1 带宽大。⑥绿松石中水的总量和结合方式在一定程度上制约着绿松石的颜色。

(2)实验选择 $Al(H_2PO_4)_3$ 溶液为主胶黏试剂，MgO 为添加辅料，在没有加压的条件下以“浸泡—加热—保温—冷却—加工”为基本实验过程对疏松绿松石进行改性处理。实验结果表明：$Al(H_2PO_4)_3$ 溶液的性质、浸泡时间、浸泡温度、浸泡方式、保温温度、保温时间和溶液中添加物 MgO 的含量对疏松绿松石的改性效果均有不同程度的影响。①通过研究各种工艺参数或条件下的改善效果，选择了效果最佳的工艺条件，即选用的 $Al(H_2PO_4)_3$ 胶黏剂质量分数约为 50%，pH 值控制在 1.5～2，每 100mL 胶黏剂溶液中添加 5～7g MgO；疏松绿松石宜采取密封低温浸泡处理，根据绿松石相对致密程度及尺寸大小的变化浸泡时间一般为几天至十几天不等；充填处理后的绿松石需在低温凝胶硬化后才能进行加热固化处理，对一次处理效果不佳或者大块的疏松绿松石可以按照上述过程进行两次或多次浸胶充填处理。只有严格控制上述工艺条件，改善的效果才能达到最佳。②利用磷酸铝胶黏剂溶液充填处理后的绿松石质地坚硬，显微硬度为 106～297N/mm^2；颜色可以加深至饱和度很高的蓝绿色、绿蓝色和绿色，外观仿真效果好、宝石学性能优良，加工工艺性能与天然绿松石一致，利用常规宝石学测试方法不易鉴别，可加工成首饰用绿松石珠链、戒面、吊坠等。

(3)选用充填处理绿松石实验中相同配比的胶黏剂溶液对小颗粒绿松石废弃料进行压制再造处理。①确定了绿松石废弃料的分选提纯方案，即利用重选和浮选联合选别工艺提选出绿松石中的碳质杂质并选用一定浓度的 HCl、硫代硫酸钠和草酸与绿松石综合反应最大限度地提选出绿松石废弃料中的杂质 Fe^{3+}。②在绿松石废弃料压制再造实验中，胶黏剂的添加比例、绿松石粉体粒度、加压压力、加压时间、保温温度和保温时间对绿松石废弃料的处理效果均有不同程度的影响，效果最佳的工艺条件为：胶黏剂添加比例为 23%～25%，粉体粒度不小于 250 目，加压压力为 1.5×10^4～3.0×10^4 MPa/m^2，加压时间不得低于 10min，压制好的坯体室温自硬化 1～2 天后按照一定恒温曲线进行加热固化。③压制处理后的绿松石颜色均匀、色调单一，多为浅蓝绿色，与处理前绿松石粉末颜色一致；显微硬度在 105～198N/mm^2，透明度、光泽、韧性和耐久性较好；其宝石学特征，如光泽，折射率、紫外荧光等与天然绿松石相近，加工工艺性能优良，可加工成首饰用珠链和戒面。

(4)对处理前后绿松石的显微结构研究和化学成分分析结果表明：①处理后绿松石的结构致密程度、硬度和颜色受控于磷酸铝胶黏剂的填充含量。完全被填充、胶黏剂含量较高的部位，结构致密，颜色较深；填充不完全、胶黏剂含量低的部位，结构疏松，硬度较低，颜色较浅。②绿松石经浸胶充填和压制再造处理后，胶体均呈凝胶状分布在绿松石原有的微孔隙间，绿松石微晶晶形较处理前更模糊，边棱更圆滑，绿松石与胶黏剂在黏合过程中，部分微晶发生有微弱的溶解重结晶反应。③EDX 测试和化学成分分析综合表明，处理后绿松石内部胶黏剂填充充分的部位，P_2O_5 含量明显增高，MgO 含量有 0.08%～0.31%的升高，其他主要化学组分变化不大；处理后绿松石主要致色元素与处理前一致，均为 Cu 和 Fe。④处理后绿松石颜色色调与处理前绿松石中的 Cu、Fe 含量有关，Cu/Fe 值大的绿松石经处理后偏蓝色，Cu/Fe 值低的绿松石经处理后偏绿色。

(5)对处理前后绿松石的红外吸收光谱和 XRD 粉晶衍射研究结果表明：①处理后绿松石分子结构和矿物结构与处理前天然绿松石一致，但产生了一定程度的非晶质化。分析认为处理后绿松石中非晶质化的产生与磷酸铝胶黏剂的填充作用有关，即磷酸铝胶黏剂在固化过程中脱水形成无机高分子网络结构。②在压制处理绿松石实验中，磷酸铝胶黏剂的添加，促进了绿松石微晶(120)面网的发育，但在充填处理绿松石中表现得并不明显。

(6)对处理前后绿松石的差热曲线研究结果表明：处理后的绿松石吸热和放热反应温度较处理前天然绿松石相比均有一定程度的降低，主要是由于添加入的磷酸铝胶黏剂具有较低的吸热反应温度。

(7)探讨和研究了无机胶黏剂对绿松石的改善机理和反应机制。在对疏松绿松石浸胶充填或对绿松石废弃原料压制再造的条件下，磷酸铝胶黏剂溶液通过布朗运动沿着绿松石微孔隙或微粒边界逐渐浸润至绿松石内部，经过加热发生聚合固化，并导致部分绿松石微晶溶解重结晶，最终这些反应产物充填了绿松石内部原有的孔隙，并以原子和分子范围内的微观作用、宏观结合和接触界面的化学键力胶结了原来仅为松散镶嵌的绿松石矿物颗粒，一方面降低了绿松石微粒间的孔隙度，减少了光的漫反射，使处理后的绿松石颜色加深，透明度提高，另一方面使处理后绿松石的矿物颗粒连接得更加紧密，达到提高硬度，改善工艺性能的目的。

第二节　研究展望

一、本书创新点

(1)所研究的对绿松石处理的新方法工艺简单易行，原料成本低廉，生产能耗更低，尾矿利用率高，处理过程无毒无害、无“三废”排放，具有很好的推广应用价值。

(2)对绿松石处理的新方法均是在不改变绿松石的主要化学成分、分子结构及矿物结构的前提下完成的，经处理过的绿松石，仿真性好，宝石学性能优良，加工工艺性能与天然优质绿松石一致，利用宝石学测试方法不易鉴别。

(3)所研究的实验配方成功地改善了绿松石已有处理技术的不足，实现了绿松石废弃料的升格功能，即通过压制聚合小颗粒绿松石废弃料，提高绿松石单体尺寸，使其宝石学特征、工艺和力学性质达到优质绿松石品质。

(4)解除了传统改善绿松石处理方法的弊端，采用新型的无机胶黏剂磷酸二氢铝，实现了绿松石的增益功能，即优化了绿松石矿石品质，提高了块状或结核状绿松石的原料品级。

(5)成功地运用了无机胶黏剂实现了绿松石品质劣—优转化问题，使这类不可再生珍贵的宝石资源得以合理的再生利用，并详细研究和探讨了无机胶黏剂对绿松石的改善机理和反应机制，为我国绿松石资源的再生利用研究提供了重要的参考信息和理论依据。

二、后续研究方向

(1)尺寸相对较大的绿松石经浸胶充填处理后，改善效果不够均匀。要解决这一问题，即要使磷酸铝溶液完全浸润至绿松石内部，浸泡过程需施以一定的压力才能达到效果。

(2)处理后绿松石的相对密度较天然优质绿松石相对密度低，且其较低的相对密度与处理后绿松石优异的光泽和高硬度形成反差，这一缺点影响它的仿真性，故后期应寻找并调配新的添加物使其能够在不改变原有处理效果的同时，提高处理后绿松石的相对密度。

(3)磷酸铝胶黏剂的添加，促进了压制处理后绿松石微晶(120)面网的发育，但在充填处理绿松石中表现得并不明显，至于是何机制有待进一步研究。

(4)在绿松石废弃料分选提纯实验中，提纯后的绿松石中仍有少部分褐色杂质无法完全清除，对压制处理后绿松石的美观有一定影响，故绿松石的分选提纯仍是以后的研究重点。

（5）在绿松石废弃料再生利用实验中，绿松石粉体尺寸仍较大，制成坯体料的致密程度和孔隙度局部分布不均匀，绿松石的碎样工艺有待改进。若采用CP气流粉碎分级机（粒径可达2～10μm）碎样，便能有效提高绿松石坯体料的工艺性能。

参考文献

[1]胡尚藻.湖北省郧县云盖寺绿松石矿[J].武当山地质科技情报,1983,2.

[2]邓燕华.宝玉石矿床[M].北京:北京工业大学出版社,1991.

[3]亓利剑.湖北郧阳地区绿松石[J].台湾宝石季刊,1995,1:9-13.

[4]王实.中国宝玉石资源大全[M].北京:科学技术出版社,1999:220-227.

[5]黄宣镇.绿松石矿床的成矿特征及找矿方向[J].中国非金属矿工业导刊,2003,6:50-51.

[6]彭元国.绿松石的找矿标志及我省找矿方向[J].湖北地质科技情报,1989,4.

[7]郭士农.竹山县绿松石资源开发利用研究[J].区域经济与科技管理,2004,11:13-14.

[8]李娅莉,薛秦芳.宝石学基础教程[M].北京:地质出版社,2002:119.

[9]WILLIAMS J D, NASSAU K. A critical examination of synthetic turquoise[J]. Gems and Gemology,1977,15(8):226-232.

[10]陈全莉,亓利剑,张琰.绿松石及其处理品与仿制品的红外吸收光谱表征[J].宝石和宝石学杂志,2006,8(1):9-12.

[11]LIND T, SCHMETZER K, BANK H. Identification of turquoise by infrared spectroscopy and X-ray powder diffraction[J]. Revue de Gemmologie A. F. G,1984,78:19-21.

[12]DONTENVILLE S, CALAS G, CERVELLE B. Spectroscopic investigation of natural and synthetic turquoise[J]. Revue de Gemmologie A. F. G,1985,85:8-10.

[13]刘丽君,施光海.合成绿松石的鉴别[J].宝石和宝石学杂志,2005,7(3):36.

[14]张蓓莉.系统宝石学[M].北京:地质出版社,2006:390-392.

[15]亓利剑,袁心强,曹姝旻.宝石的红外反射光谱表征及其应用[J].宝石和宝石学杂志,2005,7(4):21-23.

[16]栾丽君.绿松石颜色指数分析[J].西北地质,2004,37(2):48-51.

[17]范陆薇,杨明星,周泳.绿松石的品质分级及定量评估[J].西北地质,2005,38(4):19-24.

[18]周国平.宝石学[M].武汉:中国地质大学出版社,1989:197-208.

[19]BELYAYEV A A, IYEVLEV A I. Turquoise finds in the PaY-Khoy Range, northeastern European Russia[J]. Polar GeograpHy and Geology,1994,18(2):144-156.

[20]FAYAZ H, FORGHANI A H. The turquoise of Iran[J]. Rocks and Minerals,1975,50:526-528.

[21]KHORASSANI A,ABEDINI M P. A new study of turquoise from Iran[J]. Mineral Mag,1976,40:640-642.

[22]方辉.东北地区出土绿松石器研究[J].考古与文物,2007(1):39.

[23]HULL S,FAYEK M,ANOVITZ L M,et al. The effects of alteration on sourcing archaeological turquoise[J]. Geological Society of America,2005,37(7):156.

[24]PHILLIPS C JAMIE,FAYEK MOSTAFA,MATHIEN FRANCES JOAN,et al. The genesis of turquoise in the Southwestern United States. Geological Society of America, 2004 annual meeting,2004,36(5):355-356.

[25]李友华,章安玉,杨照.绿松石加胶改色的研究[J].珠宝科技,1994(1):28.

[26]杨梅珍,朱德玉,毛恒年.绿松石的优化处理及鉴别[J].珠宝科技,2000(1):61-63.

[27]BERGEN L L,FAYEK M,HULL S. The formation and alteration of turquoise deposits in the American South West[J]. Geological Society of America,2007,39(6):24.

[28]BAUER M. Precious Stones in Two Volumes:Volume Ⅱ[M]. New York:Dover Publications Inc,1968:389-402.

[29]KLEIN C,WERNER G. Turquoise gem material,natural and various modifications and substitutes. International Mineralogical Association,16th general meeting,1994, 16:207.

[30]JOHN I K,ROBERT C. Kammerling. The identification of Zacher y-treated turquoise[J]. Gems and Gemology,1999,35(1):4-16.

[31]张琰,陈全莉.绿松石废弃料的聚合再生利用[J].宝石和宝石学杂志,2005,7(1): 31-35.

[32]KROTKI S. An examination of crystallized turquoise from Lynch Station,Virginia [J]. Rocks and Minerals,2002,77(5):346-347.

[33]HERGENROTHER P M. ,SMITH J G. Synthesis and Properties of Poly(Arylene Ether Benzimidazole) Polymer[J]. Polymer,1993,34(4):856-862.

[34]钱汉东.天然绿松石及其仿制品的鉴别方法[J].中国宝石,2004,3:110-112.

[35]王惊涛.宝石优化处理的新进展[J].珠宝科技,2000(2):20-21.

[37]吕林素,李宏博,张汉东.绿松石的加工技法[J].宝石和宝石学杂志,2007,9(2): 34-37.

[38]阿方萨斯 V.波丘斯.粘接与胶黏剂技术导论[M].北京:化学工业出版社,2005.

[38]栾丽君.湖北郧县绿松石宝石学及呈色机制研究[D].西安:长安大学,2003.

[39]刘文超.磷酸盐结合剂及金属基高温耐磨陶瓷涂层的制备与性能的研究:[D].湖南:湖南大学,2001:44-47.

[40]向明,蔡燎原,张季冰.胶黏剂基础与配方设计[M].北京:化学工业出版社,2002: 17-19.

[41]张玉龙,王化银.胶黏剂改性技术[M].北京:机械工业出版社,2006:348.

[42]王致禄.合成胶黏剂及其新发展[M].北京:科学出版社,1991:182.

[43]夏文干,赵桂芳.胶黏剂和胶接技术[M].北京:国防工业出版社,1980:275.

[44]李子东.实用胶黏技术[M].北京:国防工业出版社,2007.

[45]李士学,蔡永源.胶黏剂制备及应用[M].天津:天津科学技术出版社,1984:338.

[46]KINGERY W D. Fundamental study of pHospHate bonding in refractories Ⅰ, literature review. Journal of the American Ceramic Society,1950,33(8):239-250.

[47]李师军,梁金芳,王丽达,等.磷酸盐系无机黏合剂的研究动态[J].沈阳化工(2),1997:7-10.

[48]祝梦林.双氢磷酸铝及其应用[J].石家庄化工,1993(2):20.

[49]翟海潮.实用胶黏剂配方手册:研制·生产·应用[M].北京:化学工业出版社,1997:868.

[50]占凤昌,李悦良.专用涂料[M].北京:化学工业出版社,1988.

[51]王慎敏.胶黏剂合成,配方设计与配方实例[M].北京:化学工业出版社,2003:377.

[52]周武艺,唐绍裘,刘文超,等.磷酸铝胶黏剂的合成反应动力学研究[J].中国胶黏剂,2002,12(1):1-4.

[53]殷五新,徐修成.胶黏基础与胶黏剂[M].北京:航空工业出版社,1988.

[56]费洗非.固体磷酸铝结合高强度刚玉浇注料的研制[J].耐火材料,2003,37(6):345.

[57]刘长春,符德学,石香玉.廉价磷酸二氢铝的制备及在耐火材料中的应用[J].耐火材料,1998,32(5):285-286.

[57]永田浩二.功能性特种胶黏剂[M].谢世杰,译.北京:化学工业出版社,1992.

[58]钟华邦.中国的松石资源[J].江苏地质,2006(2):134.

[59]姜泽春,陈大梅,王辅亚,等.湖北、陕西一带绿松石的热性能及其伴生矿物[J].矿物学报,1983,9:198-206.

[59]谭晓朝,肖泽辉.以磷酸铝为粘接剂的铸铁用陶瓷型过滤片研究[J].湘潭大学自然科学学报,1998(4):88.

[60]涂怀奎.秦岭东段绿松石成矿特征[J].建材地质,1997,3:24-25.

[61]王家生,颜慰宣,魏清.鄂西云盖寺地区固态流变构造群落及其对绿松石矿的控制作用[J].湖北地质,1996,10(2):63-68.

[62]马立兴.郧阳地区绿松石矿地质特征及其经济评价[J].湖北地质科技情报,1989,4.

[63]涂怀奎.陕鄂相邻地区绿松石矿地质特征[J].陕西地质,1996,14(2):60-65.

[64]CID-DRESDNER-HILDA. The crystal structure of turquoise, $CuAl_6(PO_4)_4(OH)_8 \cdot 4H_2O$[J]. American Mineralogist,1965,50:283.

[65]KOLITSCH U,GIESTER G. The crystal structure of faustite and its copper analogue turquoise[J]. Mineralogical Magazine,2000,64(5):905-913.

[66]岳德银.安徽马鞍山地区假象绿松石的研究[J].岩石矿物学杂志,1995,14(1):79-83.

[67]QI L J, YUN W X, YANG M X. Turquoise from Hubei Province, China[J]. The Journal of Gemmology, 1998, 26(1): 1-12.

[68]陈全莉，亓利剑. 马鞍山绿松石中水的振动光谱表征及其意义[J]. 矿物岩石，2007，27(1)：30-35.

[69]张慧芬，林传易，马钟玮，等. 绿松石的某些磁性、光谱特性和颜色的研究[J]. 矿物学报，1982(4)：253-261.

[70]栾丽君，韩照信，王朝友，等. 绿松石呈色机理初探[J]. 西北地质，2004，37(3)：80-81.

[71]REDDY B J, FROST R L, WEIER M L, et al. Ultraviolet-visible, near infrared and mid infrared reflectance spectroscopy of turquoise[J]. Journal of near infrared spectroscopy, 2006, 14(4): 241-250.

[72]李新安，王辅亚，张惠芬. 绿松石中水的结构特征[J]. 矿物学报，1984，1：78-81.

[73]姜泽春，陈大梅，王辅亚，等. 湖北、陕西一带绿松石的热性能及其伴生矿物[J]. 矿物学报，1983，9：198-206.

[74]KLEIN C, HURLBUT C S. Manual of Mineralogy[M]. The 22nd Edition, John Wiley and Sons, Inc., New York, 2002.

[75]丛秋滋. 多晶二维 X 射线衍射[M]. 北京：科学出版社，1997.

[76]DANILATOS GD. Mechbnisms of Detection anal Imaging in the ESEM[J]. J Microsc, 1990, 160: 9-19.

[77]BRITT E. Scanning Electron Microscopes Examine Samples in Their Natural State. Anal Chem, 1997, 69(2): 749-752.

[78]法默 V. C. 矿物的红外光谱[M]. 应育浦，汪寿松，李春庚，等译. 北京：科学出版社.

[79]梁婉雪，章正刚，黄进初，1989. 矿物红外光谱学[M]. 重庆：重庆大学出版社，1982.

[80]FROST R L, REDDY B J, MARTENS W N, et al. The molecular structure of the phosphate mineral turquoise—a Raman spectroscopic study[J]. Journal of Molecular Structure, 2006, 788: 224-331.

[81]陈全莉，亓利剑，陈敬中. 绿松石的激光拉曼光谱研究[J]. 光谱学与光谱分析，2009，29(2)：410-412.

[82]马尔福宁. 矿物物理学导论[M]. 北京：地质出版社，1884.

[83]熊燕，陈全莉. 湖北秦古绿松石的可见吸收光谱特征[J]. 宝石与宝石学杂志，2008，10(2)：34-37.

[84]陈国玺，张月明. 矿物热分析粉晶分析相变图谱手册[M]. 成都：四川科学技术出版社，1989.

[85]陈全莉，亓利剑，袁心强，等. 具磷灰石假象绿松石的热性能研究[J]. 地球科学，2008，33(3)：416-422.

[86]CASSIDY J E. Phosphate bonding then and now[J]. Ceramic Bulletion, 1977, 56(7): 640-643.

[87]PIKE R A. New inorganic adhesive primers[J]. National SAMPE Technical Conference,1985,448-455.

[88]KINGERY W D. Fundamental study of pHospHate bonding in refractories Ⅱ, cold-setting properties[J]. Journal of the American Ceramic Society,1950,33(8):242-247.

[89]MARTIN J O,JULES J D. Studies in pHospHate bonding[J]. Ceramic Bulletin, 1972,51(7):90-595.

[90]YANG H S, ADAM H, KIPLINGER J. Phosphate polymerizable adhesion promoters[J]. JCT CoatingsTech,2005,2(2):44-52.

[91]Ray N H. Inorganic polymers[M]. London:Acadamic Press,1978.

[92]贺孝先. 无机胶黏剂[M]. 北京:化学工业出版社,2003:29-30.

[93]刘继江,刘文彬,王超. 磷酸盐基胶黏剂的研究与应用[J]. 化工科技,2007,15(1): 55-58.

[94]鲍光辉. 磷酸盐胶黏涂层制备及结合性能研究[D]. 河北:河北工业大学,2007.

[95]宋林喜. 固体磷酸铝结合剂的实验研究[J]. 耐火材料,1995,29(5):257-259.

[96]ROBERT C W. CRC Handbook of Chemistry and pHysics[M]. 58th Edition. New York:CRC Press Inc,1977—1978:F219.

[97]鲍光辉,亢世江,卢屹东,等. 耐磨耐高温无机胶黏涂层制备及研究[J]. 表面技术, 2006,35(1):18-20.

[98]刘胜新,史玉芳,靳先芳,等. 磷酸盐粘接剂抗湿性研究[J]. 铸造,1996,6:43-45.

[99]王振华. 烘干硬化水玻璃砂的吸湿机理[J]. 造型材料,1991(3):24-26.

[100]夏露,张友寿,黄晋. 铝磷酸盐自硬砂的抗吸湿性研究[J]. 湖北工业大学学报, 2006,21(3):77-79.

[101]ARMBRUSTER D R, DODD S F. New Inorganic Core and Mold Sand Binder System[J]. AFS Transactions,1993:853-856.

[102]方继敏,袁绪华. 铸造用氧化镁-磷酸盐胶黏剂耐潮湿性能的研究[J]. 粘接,1998, 19(3):4-6.

[103]杨晓平,李焕臣,曹丽云. 磷酸盐粘接剂用于陶瓷型艺术铸造[J]. 特种铸造及有色合金,2002(5):46-48.

[104]杨宏孝,凌芝,颜秀茹. 无机化学[M]. 北京:高等教育出版社,2002:430.

[105]刘志甫,徐晓伟,等. 用无机胶粘接金属和陶瓷[J]. 北京科技大学学报,1999,21(5):476-479.

[106]唐红艳,王继辉,肖永栋,等. 一种新型无机耐烧蚀复合材料固化机理的研究[J]. 宇航材料工艺,2005(4):26-27.

[107]周世全,江富建. 河南淅川的绿松石研究[J]. 南阳师范学院学报,2005,4(3): 63-65.

[108]PHILLIPS C J, FAYEK M, MATHIEN F J, et al. The genesis of turquoise in the Southwestern United States. Geological Society of America, 2004 annual meeting, 2004, 36

(5):355-356.

[109] SADTLER RESEARCH LABORATORIES. Commercial Spectra, IR Grating Inorganics[M]. New York:Sadtler Research Laboratories Inc,1980:1170-1187.

[110]JALILI M M,MORADIAN S,HOSSEINPOUR D. The use of inorganic conversion coatings to enhance the corrosion resistance of reinforcement and the bond strength at the rebar/concrete[J]. Construction and Building Materials,2009,23(1):233-238.

[111]HOLMBERG K,LAUKKANEN A,RONKAINEN H,et al. Surface stresses in coated steel surfaces-influence of a bond layer on surface fracture[J]. Tribology International,2009,42(1):137-148.

[112]GROVES J A,WRIGHT P A,LIGHTFFOT P. Two Closely Related Lanthanum pHospHonate Framework Formed by Anion DirectedLinking of Inorganic Chains[J]. Inorganic Chemistry,2005,44(6):1736-1739.

[113]翟海潮,李印柏,林新松. 粘接和表面黏涂技术[M]. 北京:化学工业出版社版,1993:37-39.

[114]刘引烽. 涂料界面原理与应用[M]. 北京:化学工业出版社,2007:330.

[115]赵福君,王超. 高性能胶黏剂[M]. 北京:化学工业出版社,2006:2-5.

[116]SOFI M,VAN DEVENTER J S J,MENDIS P A,et al. Bond performance of reinforcing bars in inorganic polymer concrete(IPC)[J]. Journal of Materials Science,2007,42(9):3107-3116.

[117]密特 KL,皮兹 A. 粘接表面处理技术[M]. 北京:化学工业出版社,2004:2-16.

附　录

附录一　天然绿松石样品照片总表

附录一　天然绿松石样品照片总表

样品号	来源地	所做测试	形态结构	样品外观图片
Q-1	湖北竹山县秦古地区	宝石常数测定、化学成分分析、粉晶衍射、环境扫描电镜结构分析、红外、近红外可见吸收光谱、差热分析	块状、致密	
Q-2	湖北竹山县秦古地区	薄片	葡萄状、疏松	
Q-3	湖北竹山县秦古地区	宝石常数测定、薄片、环境扫描电镜结构分析、红外	结核状、半致密	

续附录一

样品号	来源地	所做测试	形态结构	样品外观图片
Q-4	湖北竹山县秦古地区	宝石常数测定、化学成分分析、粉晶衍射、红外、差热分析	结核状、较致密	
Q-6	湖北竹山县秦古地区	宝石常数测定、红外	鲕状、致密	
Q-9	湖北竹山县秦古地区	化学成分分析、粉晶衍射、红外	块状、半致密	
Q-10	湖北竹山县秦古地区	宝石常数测定、红外、近红外可见吸收光谱	脉状、致密	

续附录一

样品号	来源地	所做测试	形态结构	样品外观图片
Q-12	湖北竹山县秦古地区	宝石常数测定、红外	块状、致密	
Q-15	湖北竹山县秦古地区	宝石常数测定、薄片	葡萄状、疏松	
Q-19	湖北竹山县秦古地区	宝石常数测定、红外、近红外可见吸收光谱	脉状、致密	
Q-20	湖北竹山县秦古地区	环境扫描电子显微镜结构分析、红外、差热分析	块状、疏松	

续附录一

样品号	来源地	所做测试	形态结构	样品外观图片
Q-21	湖北竹山县秦古地区	薄片、环境扫描电子显微镜结构分析	葡萄状、半致密	
Q-22	湖北竹山县秦古地区	宝石常数测定、化学成分分析、粉晶衍射、红外、近红外可见吸收光谱、差热分析	块状、致密	
Q-23	湖北竹山县秦古地区	薄片，红外、差热分析	块状、疏松	
Y-1	湖北郧县	宝石常数测定、红外、近红外可见吸收光谱	结核状、致密	

续附录一

样品号	来源地	所做测试	形态结构	样品外观图片
Y-2	湖北郧县	薄片、红外	葡萄状、致密	
L-1	湖北竹山县喇叭山矿区	宝石常数测定、红外、近红外可见吸收光谱	块状、较致密	
L-2	湖北竹山县喇叭山矿区	宝石常数测定、红外	脉状、致密	
M-1	安徽马鞍山矿区	宝石常数测定、红外、近红外可见吸收光谱	块状、致密	

附录二　浸胶充填处理后绿松石部分样品照片

注：图中 A 表示处理前的天然绿松石；B 表示处理后相对应的绿松石；

W-23—W-28 均为充填处理后的疏松绿松石，经抛磨加工后在太阳光照射下的效果图；

C-1、C-2 和 C-3 均为充填处理后的疏松绿松石经绿松石加工工厂打磨后的成品效果图。

附录三　压制处理后部分绿松石样品照片

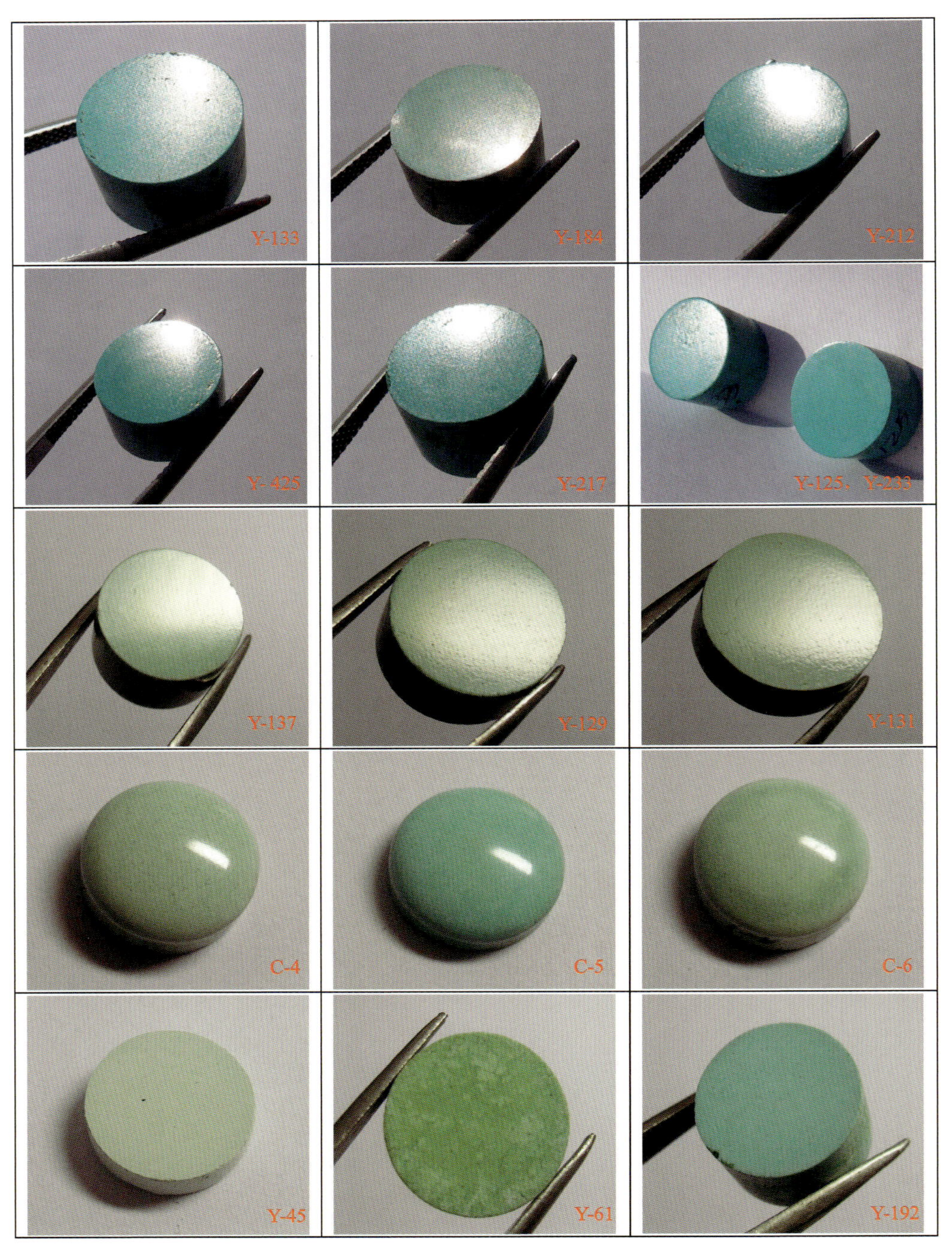

注：Y-125—Y-425 均为压制再造后的绿松石，经抛磨加工后在太阳光照射下的效果图；
C-4、C-5 和 C-6 均为压制再造处理后的样品经绿松石加工工厂打磨后的成品效果图。